国家自然科学基金项目(41272388)
西安科技大学科技创新团队项目 共同资助

渭北煤矿区采煤沉陷灾变预警研究

孙学阳 著

科学出版社
北京

内 容 简 介

本书依据构造环境特征，系统分析地表生态环境所能承受的最大损害程度与地下开采强度之间的关系，通过预报临界开采强度建立采煤沉陷灾变的预警模型。采煤沉陷灾变涉及因地下开采使地表建(构)筑物产生破坏，或者使导水裂隙带影响到具有区域供水意义的含水层造成地下水流失两种类型。采煤沉陷灾变预警模型的建立，实现了变“损害后治理”为“损害前防范”的“绿色矿区”建设理念，可为保护煤矿区生态环境提供理论和技术支撑。

本书可供矿产资源开采与生态环境保护领域从事生产、科研工作的技术人员阅读参考，也可以作为高等院校地质、采矿、环境、安全等学科专业的高年级本科生和研究生的学习参考书。

图书在版编目(CIP)数据

渭北煤矿区采煤沉陷灾变预警研究/孙学阳著. —北京：科学出版社，2016. 12
ISBN 978-7-03-051459-2

Ⅰ. ①渭…　Ⅱ. ①孙…　Ⅲ. ①煤矿开采-岩石沉陷-预警系统-研究-陕西
Ⅳ. TD327

中国版本图书馆 CIP 数据核字(2016)第 319302 号

责任编辑：亢列梅　王　苏 / 责任校对：郑金红
责任印制：张　伟 / 封面设计：铭轩堂

科学出版社 出版
北京东黄城根北街 16 号
邮政编码：100717
http://www.sciencep.com
北京中石油彩色印刷有限责任公司 印刷
科学出版社发行　各地新华书店经销
*
2017 年 1 月第　一　版　开本：B5 (720×1000)
2017 年 1 月第一次印刷　印张：9 3/4
字数：150 000

定价：75.00 元

(如有印装质量问题，我社负责调换)

前　言

煤炭在我国能源结构上占有的主体地位，在未来10年内不会发生根本性改变。由于煤炭资源的开发而诱发的采煤沉陷，已经成为煤矿区生态环境恶化的主要人为灾害之一。采煤沉陷对生态环境的影响从可以接受到形成灾害是一个突变的过程。采煤沉陷造成的地表建（构）筑物破坏和具有区域供水意义的地下水资源流失，是渭北煤矿区最主要的两种采煤沉陷灾变类型。研究特定地质条件下的采煤沉陷特征，控制采煤沉陷灾变的发生，是保护矿区生态环境的有效途径。

因煤矿区构造环境不同，一些煤矿区实施较强的开采强度不会引起采煤沉陷灾变，而一些煤矿区实施较小的开采强度却可能引发采煤沉陷灾害。因此，煤矿区构造环境决定了地质环境抵抗采煤沉陷扰动的能力。本书以不同煤矿区构造环境的差异性为切入点，分析构造环境的特殊性及其对采煤沉陷灾变的影响。在充分考虑开采因素的基础上，采用现场调研、相似材料模拟、数值模拟试验、力学分析等手段，系统研究构造介质、构造形态、构造界面和构造应力等构造环境要素与采煤沉陷的量化关系。

本书根据渭北煤矿区地层和构造特征，制定构造环境分类的依据。以铜川矿区为例，将构造环境划分为深埋似连续介质型、深埋不连续介质型和浅埋不连续介质型三种类型，并研究不同类型构造环境下采煤沉陷的发生、发展规律及其灾变机理。依据构造环境特征，研究地表生态环境所能承受的最大损害程度与地下开采强度之间的关系，通过预报临界开采强度建立采煤沉陷灾变的预警模型。如果工作面长度大于临界开采强度，则会引发采煤沉陷灾变，进而实现对研究区采煤沉陷灾变的预警，据此实现变“损害后治理”为“损害前防范”的“绿色矿区”建设理念，为保护煤矿区生态环境提供理论和技术支撑。

本书的研究成果可为煤炭资源合理开发与生态环境保护协调发展提供科学基础和技术手段，对实现煤矿区安全高效生产具有一定的参考价值。此外，本书能进一步丰富采煤沉陷学和“绿色矿区”建设理论。

本书是在国家自然科学基金项目“基于构造控灾机理的采煤沉陷灾害预计基础研究”(41272388)、西安科技大学科技创新团队项目研究成果的基础上撰写而成，是作者近年来从事煤矿区构造控灾理论研究的最新成果总结。西安科技大学的夏玉成教授对课题的研究给予了指导，侯恩科、余学义、柴敬、王生全等教授和杜荣军、王传涛、冯帆等博士研究生对课题的研究给予了帮助，硕士研究生李旭、付恒心、安孝会、刘自强等也参与了部分研究工作，在此一并表示感谢！

限于作者水平，书中难免有不当之处，真诚欢迎同行专家和广大读者批评指正。

孙学阳

2016年10月

于西安科技大学

目　　录

前言
1　绪论 …… 1
1.1　问题的提出与研究意义 …… 1
1.1.1　研究背景 …… 1
1.1.2　研究意义 …… 3
1.2　国内外研究现状 …… 4
1.2.1　采煤沉陷规律的研究 …… 4
1.2.2　采煤沉陷机理的研究 …… 5
1.2.3　采煤沉陷预计的研究 …… 7
1.2.4　采煤沉陷灾变预警的研究 …… 10
2　采煤沉陷灾变与构造环境的关系 …… 12
2.1　采煤沉陷灾变 …… 12
2.2　构造环境 …… 13
2.3　构造环境对采煤沉陷灾变的控制作用和控制机理 …… 15
2.3.1　构造介质对采煤沉陷的控制 …… 15
2.3.2　构造形态对采煤沉陷的控制 …… 18
2.3.3　构造界面对采煤沉陷的控制 …… 24
2.3.4　构造应力对采煤沉陷的控制 …… 27
2.4　本章小结 …… 29
3　构造环境要素对采煤沉陷的影响度分析 …… 31
3.1　构造介质对采煤沉陷的影响度 …… 32
3.2　构造形态对采煤沉陷的影响度 …… 37
3.3　构造界面对采煤沉陷的影响度 …… 42
3.4　构造应力对采煤沉陷的影响度 …… 46
3.4.1　构造应力型采煤沉陷数值模拟 …… 46

3.4.2　构造应力型采煤沉陷相似材料模拟 …… 48
3.5　影响采煤沉陷灾变的主要构造因素 …… 54
3.6　本章小结 …… 59
4　铜川矿区构造环境类型及其与采煤沉陷灾变的关系 …… 60
4.1　煤矿区构造环境划分依据 …… 60
4.2　铜川矿区地质概况及煤层赋存条件 …… 68
4.2.1　地层与煤层 …… 68
4.2.2　水文地质特征 …… 70
4.2.3　构造特征 …… 70
4.3　铜川矿区构造环境主要类型 …… 71
4.4　深埋似连续介质型构造环境与采煤沉陷之间的量化关系 …… 72
4.4.1　数值试验模型的建立 …… 73
4.4.2　深埋似连续介质型构造环境对采煤沉陷的影响 …… 77
4.4.3　深埋似连续介质型构造环境对采煤沉陷影响的机理分析 …… 79
4.4.4　深埋似连续介质型构造环境与采煤沉陷量化关系的确定 …… 81
4.5　深埋不连续介质型构造环境与采煤沉陷灾变之间的量化关系 …… 83
4.5.1　数值试验模型的建立 …… 83
4.5.2　深埋不连续介质型构造环境对采煤沉陷的影响 …… 87
4.5.3　深埋不连续介质型构造环境对采煤沉陷影响的机理分析 …… 93
4.5.4　深埋不连续介质型构造环境与采煤沉陷量化关系的确定 …… 98
4.6　本章小结 …… 101
5　采煤沉陷灾变辨识与预警 …… 103
5.1　采煤沉陷的灾变点 …… 103
5.1.1　采煤沉陷Ⅰ类灾变点 …… 103
5.1.2　采煤沉陷Ⅱ类灾变点 …… 104
5.2　采煤沉陷Ⅰ类灾变的辨识与预警 …… 105
5.3　采煤沉陷Ⅱ类灾变的辨识与预警 …… 107
5.3.1　关键层的极限破断距分析 …… 108
5.3.2　软岩受力弯曲的水平变形分析 …… 112
5.3.3　岩层下部自由空间计算 …… 114

5.3.4 岩层破断与其下部自由空间高度的关系 …… 115
5.3.5 采煤沉陷Ⅱ类灾变辨识与预警的实现 …… 116
5.4 本章小结 …… 116
6 应用实例 …… 118
6.1 铜川矿区采煤沉陷Ⅰ类灾变预警 …… 118
6.1.1 铜川矿区王石凹井田地质概况 …… 119
6.1.2 铜川矿区王石凹井田构造环境特征 …… 120
6.1.3 铜川矿区王石凹井田采煤沉陷特征 …… 121
6.1.4 采煤沉陷Ⅰ类灾变预警 …… 122
6.2 铜川矿区采煤沉陷Ⅱ类灾变预警 …… 123
6.2.1 铜川矿区主要含水层和隔水层的赋存规律 …… 123
6.2.2 铜川矿区徐家沟井田地质与采矿条件 …… 126
6.2.3 铜川矿区采煤沉陷Ⅱ类灾变预警 …… 128
6.2.4 防止采煤沉陷Ⅱ类灾变出现的措施 …… 131
6.3 本章小结 …… 135
7 结论 …… 136
参考文献 …… 140

1 绪　　论

1.1 问题的提出与研究意义

1.1.1 研究背景

改革开放以来，我国能源事业取得了巨大成就。1979～2015 年，我国能源消费年均增长约 5.4%，而同期 GDP 年均增长达到 9.7%，基本实现了能源消费翻一番，支撑经济总量翻两番的目标(周英峰等，2008)。我国是煤炭生产和消费大国，煤炭产量多年来稳居世界第一，2000 年为 9.8 亿 t，2004 年猛增至 19.6 亿 t，2007 年为 25.2 亿 t，2008 年已经达到 27.16 亿 t，2009 年达到 30.5 亿 t(王丹识，2010)，2015 年高达 36.8 亿 t。

由于煤炭开采规模巨大，且绝大部分煤矿开采埋藏在人类生产、生活区之下的煤炭资源，所以由井工开采诱发的煤矿区地面沉陷、断陷、开裂(以下统称采煤沉陷)已成为煤矿区土地资源破坏和生态环境恶化的主要人为灾害之一(Wang et al.，2004)。按 $3hm^2$/万 t(一般为 2.80～6.75hm^2/万 t)的采煤塌陷率估算，仅 2009 年就有超过 91.5 万 hm^2(约合 1370 万亩[①])土地遭到破坏。以“全国第一产煤大县”神木县为例，煤炭开采形成的采煤塌陷区面积约 $30km^2$，受灾人口 3600 多人，20 多个井泉干枯，数十条河流断流，植被枯死、地表荒漠化加剧，致使当地许多居民陷入“无地、无水、无房”的生活困境。仅 2004 年 1～9 月，神东矿区群众因“三无”问题上访 22 批，其中大型上访 9 批，800 多人次，进京 2 批，赴省 2 批；陕西铜川矿区已经形成了 70.69km^2 的采空沉陷区，全区有 3.5 万户、12 万群众居住在沉陷滑塌危险地带，其中 1.05 万户、4.41 万人急需搬迁。目前，国家正在对铜川市矿区采煤沉陷区进行治理，工程总投资约 8.4 亿元；山西省因采煤造成的地下采空区面积约为

① 1 亩=666.67m^2。

10000km^2，有近 5000km^2 地面沉陷，受灾人口超过 230 万(弓凤飞，2008)。仅大同矿区的塌陷面积就高达 403km^2，受损失的居民有 5 万多户，受损房屋 316 万 m^2，受损失的企事业单位及商业网点 46 个、学校 97 所、医院 13 所、公路 45 条、铁路线 4 条、供水管道 132km、供热管路 15km、供电线路 50km、通信线路 109 处，由于塌陷所造成的直接经济损失高达 37 亿元(李连济，2004)。近年来，山西省每年生产原煤约 6 亿 t，大约会有 3000 亿元的收益，但它带给生态和资源长期的隐性和显性损耗近 1000 亿元(宋春霞，2012)。

多年来，我国煤炭占一次能源生产总量的比例一直居高不下，一般维持在 70%左右，比世界平均水平高出 43 个百分点(滕晓萌，2007)。我国经济建设的发展离不开煤炭，煤炭在国民经济发展和人民生活的重要作用和重要地位，在今后的几十年内不会发生根本性的变化。显然，不可能为了保护环境而停止煤炭开采活动。此外，农民失房、失水、失地的严峻现实，党和国家以人为本、关注民生、建设生态文明、和谐社会的治国理念，要求我们在获取资源的同时，必须走“生态矿业”发展之路(古德生，2001)，广泛采用“煤矿绿色开采技术”，实施“科学采矿”(钱鸣高，2010；缪协兴等，2009)，建设“绿色矿区”(夏玉成等，2002)。

“绿色矿区”建设的基本思路是“给定损害，限制开采”(孙学阳等，2008；Xia et al.，2005；夏玉成，2003)。煤炭资源的井工开采引起了煤矿区地质环境的恶化，但不能由此得出“只要开采煤炭就必然破坏环境”的推论。众所周知，地下采矿活动必然对煤矿区地质环境产生扰动，但煤矿区地质环境灾变一般出现在地下采空区达到一定规模之后，这说明煤矿区地质环境本身具有一定的抗扰动能力。此外，在不同的煤矿区，同样强度的地下采矿活动所造成的力学效应(地表环境损害或致灾程度)是有明显差异的。有些煤矿区可以承受较大的开采强度，而在另一些煤矿区，同样强度的地下开采，就会导致严重的地表损害甚至地质灾害。这说明在不同的煤矿区，地质环境本身固有的抗扰动能力是不同的。所谓“给定损害”，是指在开采之前比较准确地预计煤矿区生态环境可以承受的损害程度极限；所谓“限制开采”，就是把开采强度限制在煤矿区生态环境可以承受的范围之内，不至于出现采煤沉陷灾害(指造成失房、失水、失地等使地表生态环境产生灾难性破坏后果的采煤沉陷事件)。因此,提高采煤沉陷的预计精度是防范矿区生态环境灾害、建设“绿色矿区”的前提。但是,目前对不同地质条件下采煤沉陷的致灾机理及其判据有待于进一步研究,在预计采煤沉陷时,普遍采用由《建筑物、水体、铁路及主要井巷煤柱留设与压煤开采规范》(以下简称“三下”采煤规程)推荐的预计公式,该公式只考虑开采厚度、煤层倾角和上覆岩层硬度(分坚硬、中硬、软弱三类),基本忽略了其他地质因素,预计结果往往和实际情况有较大的差距。

夏玉成等(2008a)深入系统地分析和总结了构造介质、构造形态、构造界面、构造应力等地质因素对煤矿区地表环境灾害的控制作用,认为在不同的地质条件下,同样强度的地下采矿活动所引起的采煤沉陷有明显的差异;与地下开采有关的煤矿区地表环境灾变(采煤沉陷),虽然源于采动,主要与开采厚度和开采工艺密切相关,但在同样的开采条件下,采煤沉陷的差异性受控于该区域构造环境的内在结构和动态因素,并将上述研究结论概括为“构造控灾”(孙学阳等,2008)。

本书以“构造控灾”研究为基础,以不同煤矿区构造环境的差异性为切入点,以研究采煤沉陷与地质因素的量化关系及其致灾机理为路径,以提高采煤沉陷预计精度和有效预防采煤沉陷灾害为目标。据此,以陕西省铜川矿区为重点剖析对象,在依据其地层、构造特征对煤矿区进行构造环境分类的基础上,揭示特定构造环境中采煤沉陷发生、发展规律及其灾变机理,建立具有较高可靠性的采煤沉陷量化预计模型和采煤沉陷灾变辨识模型,为铜川矿区有效预防和控制采煤沉陷灾变提供新的思路和地质依据。

1.1.2 研究意义

深入揭示煤矿区构造环境对采煤沉陷灾变的控制因素及其控制机理,构建采煤沉陷灾变与煤矿区构造环境要素之间的量化关系,可以拓宽构造地质学的应用领域,进一步丰富和完善开采沉陷学理论。

通过对煤矿区构造环境的分类,构建采煤沉陷量化预计和灾变辨识模型,进而对煤矿区采煤沉陷灾变进行科学预警,将地下开采强度控制在该煤矿区地质环境可承受的范围内，变“损害后治理”为“损害前防范”，是建设“绿色矿区”的必由之路，对保护煤矿区的生态环境、促进煤矿区的社会和谐、环境友好和经济可持续发展具有重要的现实意义。研究成果不仅对铜川矿区的生态环境保护具有重要的指导作用，对我国其他矿区的环境保护，特别是对陕西省大型煤矿区的可持续发展也将具有一定的借鉴价值和推广应用前景。

1.2　国内外研究现状

煤矿区集煤炭资源开采、利用与土地资源占用和破坏为一体，是资源与环境、灾害矛盾显现相对集中的区域之一。2004 年以来，随着我国煤炭产量的快速增加，采煤沉陷灾变更加突出，日益成为政府关注的重点和社会关注的热点问题。保护煤矿区生态环境是生态文明建设的必然要求，有效控制采煤沉陷是保护煤矿区生态环境的关键环节。目前，国内外对采煤沉陷问题的研究主要集中在以下四个方面。

1.2.1　采煤沉陷规律的研究

人类对采煤沉陷的研究由来已久。最初，人们多从对观测资料的分析入手提出各种假设，如 Gonot 在 1858 年提出的法线理论；Jicinsky 在 1876 年提出的二等分线理论；耳西哈在 1882 年提出的自然斜面理论等。1885 年，Fayol 开始利用模型进行研究，提出了开采沉陷的拱形理论，同期，Hausse 首次建立了采空区上方有三带分布的沉陷模式，为以后的理论研究奠定了基础，其许多研究方法至今仍被沿用。

20 世纪 50 年代后，人们着重从连续介质理论和非连续介质理论两个方面来研究开采沉陷问题（中国矿业学院等，1981；煤炭科学研究院北京开采研究所，1981）。连续介质模型有弹性介质模型和塑性介质模型等，如海尔鲍姆的悬臂梁模型、艾卡特的两端固定梁理论以及萨武斯托维奇的弹性基础梁理论等；按非连续介质理论开展工作的有波兰学者 Litwiniszyn 提出的随机介质理论（Litwiniszyn，1958）、姆列尔提出的松散介质理论以及何国清的碎块体理论等。

20世纪中后期，随着试验手段和计算机技术的不断发展，各种相似模型试验和解析、半解析计算方法在采煤沉陷的研究中被广泛应用，从而极大地丰富和发展了采煤沉陷理论(方从启等，1999；郭惟嘉等，1996；吴戈，1994；Knothe，1994；余学义，1993；孙钧等，1991；袁礼明等，1990；Bourdeau et al.，1989；Jan，1989)。

在我国，随着"三下"开采(水体下特殊开采、建筑物下特殊开采和铁路下特殊开采)事业的发展，采煤沉陷规律的研究取得了长足的进展。在煤矿开采中，建立了以概率积分法、负指数函数法和典型曲线法为基础的地表变形预计方法体系。

黄乐亭等(2008)通过分析相似材料模拟试验结果和实测资料，将地表动态沉陷盆地发展变化的全过程划分为下沉发展、下沉充分和下沉衰减三个阶段，并用负指数函数分别表示出三个阶段走向主断面上的地表下沉规律。这与开采沉陷学中将采煤沉陷划分为初动期、活跃期、衰退期三个阶段是基本一致的。但在高产高效矿井，普遍采用综采放顶煤技术、全部垮落法管理顶板，煤炭开采对上覆岩土层的扰动强度比过去强烈得多，因而，采煤沉陷的三个阶段也会表现出一定程度的变异。滕永海等(2008)对综采放顶煤条件下的地表沉陷规律进行了研究，表明在综采放顶煤条件下，地表移动剧烈，地表下沉盆地陡峭，移动变形集中，地表断裂比较发育，地表下沉系数、主要影响角正切明显偏大，导水断裂带异常发育，其高度与煤层开采厚度近似成正比。

开采沉陷地表岩移观测和相似材料模拟试验表明，采煤沉陷的发生、发展是非线性的，地表下沉曲线从平变斜(从稳定不动到开始移动)、从斜变陡(由缓慢下沉到快速沉降)，至少有两个拐点，分别对应着采煤沉陷发生与进一步恶化的灾变点，有可能引起房屋、耕地或地下水资源破坏。但目前，对采煤沉陷的非线性规律尤其是灾变点与构造环境之间的关系尚不清楚。揭示采煤沉陷灾变与其特定构造环境的关系是建立采煤沉陷灾变预警系统、预防采煤沉陷灾害必须首先解决的关键科学问题之一，有待深入研究。

1.2.2 采煤沉陷机理的研究

采煤沉陷既与开采因素有关，也受地质因素影响，这已成为大家的共识。采矿学科和矿山测量学科的学者和工程技术人员，对采煤沉陷与其影响因素的关系进行了大量的深入研究，取得了许多较为成熟的理论与应用成果。人们关注最多的地质因素是煤层覆岩力学性质(Donnelly et al.，2001；Begley et al.，1996；Singh et al.，1996；Pimenov，1991)。大家普遍认为，煤层覆岩中的厚硬岩层对地表沉陷具有托板式的控制作用(吴立新等，1994)，因而是影响采煤沉陷特征的关键层。关键层的变形、破裂将在采场覆岩中引起大范围的岩层活动。这种活动下可影响至采场和支架，上可影响到地表(钱鸣高等，2003)。由于关键层的作用，当工作面推进到一定长度之前，开采引起的地表沉陷是很小的，以致可以忽略不计；明显的地表沉陷是在覆岩中的坚硬岩层破断后才突然出现的(Rao，1996)；主关键层的破断不仅引起地表下沉速度的明显增大，还导致地表移动影响边界的明显变化，一旦主关键层破断，地表移动影响边界明显向外扩大(许家林等，2005)。

关于其他地质因素与采煤沉陷的关系，也有一些专题研究。例如，戴华阳等(2006)把煤层倾角作为采煤沉陷预计模型的变量，构建了从近水平到急倾斜煤层开采中岩层与地表移动的统一化预计模型。长期以来，国内外许多学者已经注意到断裂对采煤沉陷的影响，发现断层的存在使采煤沉陷具有独特的性质，并已经逐步进行了卓有成效的研究(赵海军等，2008；张玉卓等，1983)。冯国财等(2006)针对断裂活动影响矿区的采煤沉陷灾变问题，指出在受断裂活动影响的矿区，构造应力开挖卸载使地表产生附加水平移动变形，采煤沉陷灾变加剧。邓喀中通过现场调研和理论分析发现断层露头处地表产生台阶状裂缝、断层处地表变形增大、断层使地表移动范围增大或缩小，并且给出了断层露头处地表台阶产生的判断条件和预计台阶大小的计算公式。Chamine等(1993)、Kirzhner(1994)、Kang(1997)、Doglioni等(1998)、郭文兵等(2002)、郭迅等(2006)的研究发现，有断层存在时，地表移动范围比正常情况下扩大，断层露头处的地表移动和变形值大大超过正常值，并出现非连续破坏形态，地表裂缝发育经历时间较短，地表移动和变形程度剧烈；谢和平等(1998)通过相似材料模拟，得出了节理使覆岩破坏更加剧烈，使覆岩破坏范围增大，对采动岩体裂隙的开裂、扩展及分布起着主控作用的结论;随后,于广明等(2002)将损伤力学及分形几何等现代非线性科学应用于采煤沉陷学科领域,就节理对岩体采动沉陷规律的影响进行了更加深入的理论研究和试验研究。构造应力对煤矿区岩层移动的影响,近年来逐渐得到煤矿研究人员的注意。隋惠权等(2002)认为,拉张构造应力是下沉盆地范围增大、地面破坏程度加剧、地表产生不连续变形和破坏的主要原因;方建勤等(2004)分析了构造应力型开采地表沉陷宏观破坏特征,指出现有的自重应力型地表沉陷规律的理论方法不适用于构造应力型地表沉陷规律的研究。夏玉成等(2003,2004b,2006,2008b)针对在不同的构造环境下,同样强度的地下采矿活动所引起的采煤沉陷有明显差异这一事实,从地质角度系统分析和论证了煤层上覆岩土体的综合硬度、松散层比例和关键层位置,煤层倾角及褶曲翼间角,节理和断层发育特征,构造应力状态以及地下水等地质因素对采煤沉陷的控制作用和控制机理,依据地质工程理论中的构造控制论提出构造控灾的观点,丰富了采煤沉陷机理研究(夏玉成等,2008a)。

总体来看,各种地质因素对采煤沉陷的控制作用已经逐步被人们认识。然而,对采煤沉陷机理的量化表达,即各种地质因素与采煤沉陷之间的量化关系的研究尚未取得突破,这将成为本书重点研究、解决的问题之一。

1.2.3 采煤沉陷预计的研究

采煤沉陷预计是采矿界研究的热点问题之一(Ding et al.,2006;Luo et al.,1999)。19 世纪末,由于生产实践的需要,采煤沉陷预计的研究也逐渐深入,其中,有代表性的有 Dumont、Sehmitz、Keinhost 和 Baxs 等提出的地表下沉预计方法。

近年来,有人尝试应用非线性科学理论和方法,如灰色系统理论、分形理论(张东明等,2003;谢和平等,1998;于广明等,1997a,1997b,1998a,1998b,2001;Takayuki,1989;Turcotte,1986;Mandelbrot,1982)、人工神经网络预测模型(Kim et al.,2008;郭文兵等,2004,2005,2007;尹光志等,2003,2008;曹丽文等,2002;丁德馨等,2002a,

2002b；董春胜等，2001；麻凤海等，2001；王卫华等，2001；Singh et al.，1996；Petre et al.，1993）、突变理论（尹光志等，2005）等，对采煤沉陷进行预计。虽然非线性科学理论和方法在处理多因素的复杂非线性问题时，对数据有较高的拟合能力及预测精度，可以克服在不充分或极不充分采动条件下用概率积分法预计开采沉陷时，系统偏差影响预测精度的问题。但是，这些理论和方法的应用，必须以相同地质、采矿条件下有比较多的岩移实测数据，足以构成训练样本为前提。而实际情况往往难以满足这一要求，许多煤矿只有一两个工作面的岩移实测数据，甚至完全没有进行过岩移观测。此外，由于不同煤矿区地质条件的巨大差异，这类预计模型不宜直接用于其他煤矿，因而其推广应用受到客观条件的限制。

综合起来，现行的开采沉陷的预测方法主要有以下几种。①经验公式法。在对地表移动观测资料进行分析的基础上建立经验公式，然后把这些经验公式应用到类似地质开采条件的采煤沉陷地区。典型的经验公式有：俄罗斯应用的负指数函数法，英国煤田法，波兰学者Kowalczyk在1972年提出的积分格网法；中国学者何国清提出的威布尔分布和吴戈提出的Γ分布以及各矿区通过观测进行拟合的典型剖面曲线法等。②剖面函数法（Rafeal et al.，2000；Kulakov，1995）。利用公式或数表来预测下沉盆地指定断面的地表移动与变形值，如负指数函数法、双曲线函数法、典型曲线法等。③影响函数法。其为预计采动地表移动变形的一种有效方法，它的理论基础是分布函数，典型的影响函数有Bals函数、Perz函数、Beyer函数、Sann函数、Knothe函数。④解析模型法。当认为采煤沉陷问题可以利用某种数理定律解决时，则可以建立开采沉陷数理模型。该方法是建立在力学模型上，通过弹性或塑性理论基础进行的计算，如King和Whetton提出的岩体移动弹性分析法、Berry提出的各向同性岩层的二维分析法、Berry和Sales提出的横观各向同性岩层弹性分析法、Marshall等提出的黏-弹性分析法、Cherry提出的岩层移动塑性分析法、李增琪提出的使用傅里叶积分变换计算方法、以Salstowicz为代表的固体力学理论和以Litwiniszy为代表的随机介质理论等（Liu，1993）。余学义以概率积分法和Knothe理论为基础，应用极坐标闭合回路积分法，建立了采煤沉陷预计的数学模型，该模型是以影响函数为基础的概率积分方法，以几何积分理论为基础，由傅里叶二维积分变换法引入岩性及下沉时间影响参数(半力学、半经验参数)，建立极坐标闭合积分数学模型，可对任意形状采空区域的采煤沉陷进行预计计算。建立在弹性或塑性理论基础上的计算方法有有限单元法、边界元法、离散元法、分形力学法、非线性力学法等，如张玉卓的模糊有限元法、谢和平的损伤非线性大变形有限元法、何满潮的非线性光滑有限元法、邓喀中的损伤有限元法、王泳嘉将离散单元法和边界元法相结合应用于开采沉陷预计中。这些数值方法为开采沉陷的预计计算拟合和定量预测奠定了基础。

在我国，开采影响下的地表移动规律的研究最先在煤矿开采研究中取得进展，建立了以概率积分法、负指数函数法、典型曲线法为基础的地表预计方法体系，以及适合我国实际情况的积分格网法、威布尔分布法、样条函数法、双曲线函数法、皮尔森函数法、山区地表移动变形预计法、三维层状介质理论预计法和基于托板理论的条带开采预计法等。其中以概率积分法，特别是随机介质理论概率积分法的应用最为广泛，极大地推动了“三下开采”事业的发展。

目前，在我国采煤沉陷预计中，普遍采用由“三下”开采采煤规程推荐的预计公式。但这套公式对影响采煤沉陷的地质因素考虑不够，以致预计结果往往和实际情况有较大差距；如果说这套公式对预计正常开采情况下的地表移动变形还比较有效，则对于开采强度非常大的综采放顶煤开采、深部大采宽条带开采或极不充分采动等特殊开采方式而言，其采煤沉陷预计结果与实际情况的差异将会大到失去预计的意义。针对这些问题，国内学者进行了多方面的研究和改进。吴侃等(2008)对断层影响下的开采沉陷预计问题进行了研究，将开采引起断层的离层空间看成一个等效倾斜采空区，分别计算实际采空区和等效采空区对地表的影响，然后将两者叠加起来，建立了基于概率积分法的地表变形预计模型；郭文兵(2008)针对深部大采宽条带开采的地表移动和变形预计问题，提出全采叠加预计方法；夏小刚等(2008)依据弹性薄板理论，建立了非充分采动条件下岩层和地表沉陷预计的新模型；谭志祥等(2007)通过理论研究和数理分析,获得了下沉系数与采宽和基岩厚的关系式,并获得水平移动系数、主要影响角正切、拐点偏移距系数与宽深比之间的系列关系式。

由此看来,尽可能全面考虑对采煤沉陷有重要影响的地质因素,根据煤矿区构造环境的差异性,按煤矿区构造环境类型分别建立采煤沉陷与开采强度的量化关系,是提高采煤沉陷预计可靠度的有效途径。

1.2.4　采煤沉陷灾变预警的研究

从检索到的文献可见:我国对地质灾害的研究由来已久,很早就有对单一灾种如泥石流、滑坡的预警研究;对常见地质灾害的监测预警主要借助计算机技术,如 GPS 技术(范意民等,2008)、Web GIS 技术(钟洛加等,2008)、GIS 技术(杜春兰等,2008)和现代数学方法(刘传正等,2007;潘懋等,2002;Burrell et al. ,2002;John,2001);采煤沉陷灾变预警研究仅限于危险性分区(Merad et al. ,2004)或风险评价(Duzgun,2005)。总体说来,目前在灾变预警研究方面还存在以下问题:从研究内容看,大部分研究仅限于理论层面,对临灾预报手段的研究远多于对灾变规律的研究;从预警方法看,目前国内外多采用黑箱或灰箱理论进行灾变预警。黑箱和灰箱理论忽略对灾变主控因素和灾变规律的研究,在对控灾因素和控灾机理知之较少的情况下,要求提供信息的被统计母本与需要预警的事件样本高度统一、相互联系。在采煤沉陷灾变预警实践中,显然很难满足这一要求。因此,以黑箱或灰箱理论为基础的灾变预警无论从理论还是实践的角度来看不会成为灾变预警的主要发展方向,只有在特定条件下才能采用。采煤沉陷灾变既与开采因素有关,又受煤矿区构造环境的控制。只有深入研究采煤沉陷的发展规律,揭示其灾变机理,才有可能比较准确地进行采煤沉陷灾变预警,通过限制开采防止灾变的发生,或将灾害影响降至最小。

综上所述,坚持"绿色矿区"理念,在开采煤炭资源的同时,保护矿区生态环境,预防和控制采煤沉陷灾变,是生态文明建设与社会和谐的迫切需要。前人围绕采煤沉陷所开展的研究工作,为实现这一目标奠定了良好的基础。但由于对开采因素重视较多,对地质因素重视较少(甚至忽略);定性研究多,定量研究少;点上(具体煤矿或单一因素)研究多,面上研究(具有普适意义或对多因素的系统研究)少,因而难以及时对采煤沉陷灾变发出预警,不能为预防和控制采煤沉陷灾变提供有效的地质保障。

本书以陕西省铜川矿区为剖析对象,依据其地层、构造特征(含构造介质、构造形态、构造界面、构造应力等)对煤矿区进行构造环境分类,通过单个构造环境要素与地表移动变形关系的物理模拟与数值试验、构造环境要素组合与地表移动变形的耦合试验,研究煤矿区构造环境各要素对采煤沉陷的影响程度,针对不同类型的煤矿区,分别建立采煤沉陷与构造环境要素的量化关系,构建既与特定构造环境相联系,又具有一定普适性和较高可靠性的采煤沉陷量化预计模型;在此基础上,揭示采煤沉陷灾变的发生、发展与构造环境、开采强度之间的耦合关系及其灾变机理,阐明在特定构造环境下采煤沉陷灾变点与开采强度的关系,建立采煤沉陷灾变辨识模型,为有效预防和控制采煤沉陷灾变提供新的思路和地质依据。本书的研究内容如下:

(1) 煤矿区构造环境分类。全面收集陕西省铜川矿区具有代表性的煤矿区地质勘探资料,根据煤矿区的地层、构造特征,按照最大分离原则、贡献度最大原则、一级分类原则和切合实际原则等分类原则对煤矿区进行构造环境分类,然后根据其构造环境特征分别建立不同类型煤矿区的物理力学模型。

(2) 构造环境要素与采煤沉陷之间的量化关系。根据地质构造对煤矿区地表环境灾害控制机理的定性研究成果,在对陕西省铜川矿区构造环境进行分类的基础上,进一步针对不同构造环境类型下各种构造环境要素对采煤沉陷的影响度进行研究。

(3) 采煤沉陷灾变及其影响因素分析。通过对典型矿区的实地考察及对所搜集资料的深入分析,总结采煤沉陷灾变发生的主要影响因素,揭示采煤沉陷发生灾变的机理。

(4) 采煤沉陷灾变预警。在上述研究工作的基础上,建立采煤沉陷灾变预警模型,在陕西铜川矿区选取两个典型煤矿区进行采煤沉陷灾变预警,检验预警工作的可靠程度,为具体采煤沉陷灾变预警工作提供示范。

2 采煤沉陷灾变与构造环境的关系

从构造地质学的观点来看，采煤沉陷是在内动力地质作用（地壳构造运动产生的应力作用）和人为地质作用（地下开采活动）联合影响下发生的主采煤层上覆岩、土体（以下简称覆岩）的一种特殊的表生构造变形。当这种构造变形发展到对人类生命、生活和生产资料造成危害时，即成为采煤沉陷灾害。显然，这种特殊的表生构造变形与构造环境密切相关。

2.1 采煤沉陷灾变

在煤炭井工开采矿区，当开采面积达到一定范围之后，开采区域周围岩土体的原始应力平衡状态受到扰动，在采煤的过程中以及开采以后一段时期内，岩土体和地表通过连续的移动、变形和非连续的破坏（开裂、冒落等），使应力重新分布，以达到新的平衡，从而导致地表移动变形，统称采煤沉陷。

采煤沉陷是一个复杂的非线性力学问题，从岩体因开采扰动使其初始损伤，到在采动应力作用下的演化，到岩体的冒落、断裂、离层形成的裂隙网络，再到众多裂隙扩展，从而导致整个上覆岩层乃至地表移动、变形直至破坏。这种破坏不仅发生在煤层的覆岩中，还发生在地表地质环境中。在此过程中，采煤沉陷对地表建（构）筑物及地下含水层等可能产生不同程度的破坏。破坏程度较轻时只是引起地表建（构）筑物出现细小裂缝等；破坏程度较重时则会导致地表建（构）筑物严重毁坏，使其失去原有功能，或者使具有区域供水意义的地下水资源流失，从而引起采煤沉陷灾害。采煤沉陷灾害的致灾条件为地下采煤引起的沉陷，承灾体为覆岩中的巷道、峒室，以及井下设备和人员及地表的建（构）筑物、道路、耕地等。采煤沉陷灾害包括煤层顶板大面积突然垮塌、冒顶事故，诱发矿井突水造成的淹井、煤与瓦斯突出或矿震，对地表生态环境具有供水意义的含水层的破坏引起的土地荒漠化和生产、生活用水困难,地表建(构)筑物损害等灾害类型。

采煤沉陷对生态环境的影响从可以接受到形成灾害是一个突变的过程。本书将这一突变过程称为采煤沉陷灾变。例如,在城镇或村庄所在区域,当地表沉陷幅度小于 10mm 时,对地表建(构)筑物影响轻微,当沉陷幅度大于 10mm 时,地表建(构)筑物开始产生破坏,本书将这类灾变称为采煤沉陷Ⅰ类灾变。在没有地表建(构)筑物的区域,当地下开采在覆岩中形成的导水裂隙带未导通具有供水意义的重要含水层时,生态环境可以接受一定程度的采煤沉陷,但随着开采强度的增大,导水裂隙带向上扩展,就可能造成具有区域供水意义的地下水资源流失,本书将这类灾变称为采煤沉陷Ⅱ类灾变。

采煤沉陷灾害类型多样,涉及采矿、安全、地质、测量等多个学科,本书无法把采煤沉陷所有灾害类型都纳入研究范围。根据研究区的实际情况,铜川矿区需要重点保护的生活和生产资料是村民住房和地下潜水资源。因此,本书重点研究采煤沉陷Ⅰ类灾变和Ⅱ类灾变。

2.2 构造环境

采煤沉陷既与开采因素有关,也受地质因素影响。前人对采煤沉陷及其影响因素的关系进行了大量的深入研究,取得了较为成熟的成果,其中应用最为广泛的是关键层理论。主关键层对上覆岩层运动的控制作用已经被煤矿现场采动覆岩内部岩移钻孔的原位测试结果所验证(许家林等,2009;朱卫兵等,2009;于广明等,1998)。

在相同的开采条件下,不同煤矿区采煤沉陷具有不同的特征。有些煤矿区地质环境抗扰动能力强,较强的开采强度也不会引起采煤沉陷灾变,而有些煤矿区地质环境抗扰动能力弱,不大的开采强度就可能引起采煤沉陷灾害。煤矿区构造环境决定了地质环境的抗扰动能力,构造环境的内在结构和特性是采煤沉陷形成与发展的控制因素(孙学阳等,2008;夏玉成,2003)。

"构造环境"一词在文献中大量出现,但内涵有所不同。王峰(2007)研究的构造环境是指鄂尔多斯地块的构造带特征、相对运动方式和特点以及所处的构造位置等;王垣(2002)研究的构造环境是指京珠公路某花岗岩体高边坡的结构构造及其地应力。许多关于构造环境的研究文献主要是根据某岩体的地球化学特征，判断其所处的构造形成、发展及演化（王治华等，2010；李佐臣等，2010；杨高学等，2010）。本书所说的“煤矿区构造环境”突出采煤沉陷灾害发生的地质构造背景，所以称为 tectonic setting，它是地质环境的重要组成部分，更多地反映地球的内动力地质作用，包括构造介质、构造界面、构造形态和构造应力 4 个要素。

构造介质是指主要开采煤层以上直至地表的所有岩层和松散覆盖层，又称为覆岩。覆岩是在漫长的地质作用过程中，在构造因素影响下形成，尔后又经历多次构造运动改造的具有“构造记忆”的构造岩体。井工开采将在覆岩中诱发变形的物理过程，同时，通过覆岩传递引起变形的应力。

煤层及其覆岩在地质历史时期形成时曾表现为近似水平的原始形态。后期受地壳挤压、拉张、旋扭、不均匀升降等构造作用影响，原始形态发生改变，从而产生倾斜或弯曲等构造形态。

在岩石力学和工程地质学领域，一般将覆岩中的地质不连续面、软弱面、破碎带等统称为岩体结构面。而实际上，这些岩体结构面有些属于原生构造（如层理），更多的则是后期构造运动的产物，如节理、断层、不整合面、劈理等，这些都是地质历史时期构造运动在构造介质中留下的烙印，从成因角度讲，均属于构造界面。

如果说覆岩本身的特点（构造介质、构造形态、构造界面）是地质历史时期产生的影响采煤沉陷的静态地质因素，那么，构造应力就是反映目前煤矿区构造动力学状态且影响采煤沉陷的动态地质因素。煤矿区地质条件的不同，最主要的表现就是上述静态地质因素和动态地质因素之间的差异。正是这种差异决定着不同煤矿区的地下开采环境，同时影响采煤沉陷的特征。

采煤沉陷是经受过变形、遭受过破坏的煤层及其覆岩，在环境应力条件改变时产生的再变形和再破坏。采煤沉陷表现为构造介质的变形与破坏，同时，构造介质又是影响采煤沉陷的一个重要因素。构造形态决定构造介质中的原岩剩余应力状态。构造界面决定着构造介质的岩体结构，从而影响岩体的变形习性。构造应力则与岩体重力共同构成区域地应力场的主要成分，为岩体发生变形提供了动力学背景。构造应力反映目前覆岩动力学状态，是影响采煤沉陷灾变的动态因素。构造介质、构造形态、构造界面、构造应力相互影响、相互制约、协同作用，为人类地下采矿活动营造了一个特殊的环境——煤矿区构造环境。

采煤沉陷灾变与煤矿区构造环境有着密切的关系,构造环境各构成要素以及构造环境系统对采煤沉陷灾变的发生具有重要的控制作用。

2.3 构造环境对采煤沉陷灾变的控制作用和控制机理

2.3.1 构造介质对采煤沉陷的控制

1) 构造介质对采煤沉陷的控制作用

构造介质的力学性质及其组合特征是影响开采过程中覆岩运动及破坏特征的重要因素之一。覆岩综合硬度、松散层在覆岩中所占比例以及关键层在覆岩中的位置,均会对采煤沉陷产生显著的控制作用(夏玉成等,2008c;孙学阳等,2008;白红梅,2005)。

(1) 覆岩综合硬度对采煤沉陷的影响。坚硬覆岩主要由极坚硬岩层组成,在一定强度的开采扰动下,煤层顶板大面积暴露后仍能保持稳定,对地表的损害程度相对较弱。但当开采扰动强度超过某个临界值,矿柱支承强度不够时,采空区上方的厚层状极坚硬岩层将发生直达地表的一次性突然冒落,覆岩产生所谓的切冒型变形,地表产生突然塌陷的非连续性变形。中硬覆岩一般是由坚硬、中硬、软弱岩层构成的互层,不存在极坚硬岩层。煤层顶板随采随冒,覆岩能被冒落岩块支承,不形成悬顶,但继续发生弯曲下沉,变形可以直达地表。在这种情况下,覆岩产生"三带型"变形,地表则产生缓慢的连续性变形。但若开采深度较小,冒落带和断裂带可直达地表,从而在地表出现非连续性变形。软弱覆岩由极软弱和软弱岩层组成,煤层顶板即使是小面积暴露,也会在局部地方沿直线向上发生冒落,并可直达地表。这时,覆岩产生抽冒型变形,地表出现漏斗形塌陷坑。在同样的扰动强度下,覆岩综合硬度越大,地表下沉系数越小;覆岩越软弱,采煤沉陷发生越早、发展越快。此外,覆岩越软弱,地表变形范围越小;覆岩越硬,地表裂缝深度越大,甚至与采空区连通;覆岩越软弱,覆岩中冒落带和导水裂隙带高度越低。

(2) 松散层在覆岩中所占比例对采煤沉陷的影响。松散层在覆岩中所占比例越大,覆岩综合硬度越小,基岩层越容易发生移动变形;一旦基岩层发生弯曲、断裂,失去支撑能力,松散层将随基岩一起下沉、断裂。松散层厚度比例越大,地表下沉速度越快,移动持续时间越短,活跃期内地表的移动变形会越剧烈。

(3) 关键层对于提高覆岩的抗扰动能力有十分重要的作用。若覆岩中仅在一定层位上存在厚层状极坚硬岩层，煤层顶板（覆岩）局部或大面积暴露后发生冒落，但冒落发展到该极坚硬岩层时便形成悬顶，不再向地表发展。这时，覆岩产生拱冒型变形，地表产生缓慢的连续性变形。关键层越厚、硬度越大、层数越多，则覆岩综合硬度越大、强度越高、抗扰动能力越强。在一定的开采强度下，位于覆岩上部的关键层，对地表生态环境具有更强的保护作用。覆岩中的巨厚、坚硬岩层（关键层）能遏制其下部开采裂隙向上发展，同时支撑上部覆岩的重力。在采空区范围未达到某个临界值时，虽然采空区顶板冒落、破裂，但地表“安然无恙”。然而，一旦采空区范围达到或超过这个临界值，该关键层就会因弯曲变形产生的附加拉应力超过其抗拉强度而突然破断，导致关键层上方岩层与关键层一起整体沉陷。这种突发的猝不及防的顶板大面积垮塌事故不仅引起地表的剧烈塌陷，而且由其产生的暴风和冲击波将引起矿井地震，并造成矿井上下建（构）筑物和设施的严重损毁。因此，关键层是构造介质特征的集中体现。

2) 构造介质对采煤沉陷的控制机理

采煤沉陷灾变的发生一般与关键层的变形和破断存在密切联系。关键层受到上覆岩层的重力作用时，可将其抽象为受均布载荷作用的简支梁（图 2.1）。其弯矩为 x 的函数：

$$M(x)=\frac{\sigma_v l}{2}x-\frac{\sigma_v}{2}x^2 \tag{2.1}$$

式中，σ_v 为覆岩重力产生的垂向应力（视为均布载荷）；l 为采空区顶板的临空长度。

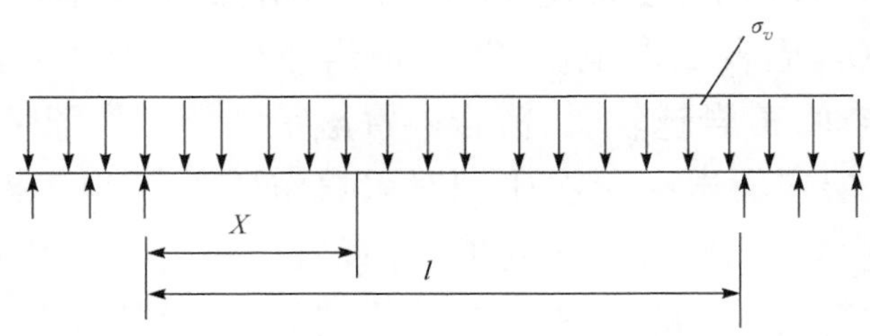

图 2.1　覆岩关键层力学模型

根据材料力学中的符号规定：

$$M(x)>0$$

在小变形及材料服从胡克定律的条件下，挠曲线的近似微分方程是

$$\frac{\mathrm{d}^2 v^w}{\mathrm{d}x^2}=\frac{M(x)}{EI} \tag{2.2}$$

可用积分法求出简支梁的挠度：

$$v^w=\iint \frac{M(x)}{EI}\mathrm{d}x\mathrm{d}x \tag{2.3}$$

式中，v^w 为重力作用下的挠度；E 为“梁”的弹性模量；I 为与梁的截面尺寸有关的常数，当截面在 Z 方向的高度为 h，在 Y 方向的宽度为 b 时，$I=bh^3/12$，称为截面对 Y 轴的惯性矩。

将式(2.2)代入式(2.3)，可求得

$$v^w=\frac{\sigma^v}{EI}\left(-\frac{1}{24}x^4+\frac{l}{12}x^3\right)+Cx+D \tag{2.4}$$

梁的边界变形条件为

$$\begin{cases} v^w\big|_{x=0}=0 \\ v^w\big|_{x=l}=0 \end{cases} \tag{2.5}$$

将边界条件代入式(2.4)，便可确定出积分常数：

$$C=-\frac{\sigma_v l^3}{24EI},\quad D=0 \tag{2.6}$$

于是，在重力作用下，覆岩中岩层的挠曲线方程为

$$v^w=-\frac{\sigma_v x}{24EI}(x^3-2lx^2+l^3) \tag{2.7}$$

其最大挠度为

$$v^w_{\max}=v\big|_{x=\frac{l}{2}}=-\frac{5\sigma_v l^4}{384EI} \tag{2.8}$$

将 $I=bh^3/12$ 代入式(2.8)，则挠曲线方程式变成

$$v^w=-\frac{\sigma_v x}{2Ebh^3}(x^3-2lx^2+l^3) \tag{2.9}$$

可见，关键层下弯的幅度(即挠度)与重力和采空区长度的 4 次方

成正比，与梁的抗弯强度（EI）成反比。尤其要注意的是，挠度与梁（即岩层）的厚度的3次方成反比，即岩层越薄，越容易弯曲变形。所以，覆岩中抗弯强度大、厚度大的关键层对采煤沉陷的影响至关重要。位于覆岩上部的关键层相对位于覆岩下部的关键层所受重力减少，因此，下沉量值也相对降低。

2.3.2　构造形态对采煤沉陷的控制

1）构造形态对采煤沉陷的控制作用

在煤系地层形成以后，由于地壳构造运动使原来近于水平的沉积岩发生变位、变形，表现为不同倾角的单斜或波状起伏（褶皱）的构造形态。水平岩层、倾斜岩层和褶皱岩层分别具有不同的地应力状态，因而在人为地质作用（地下采矿）扰动下，会产生不同的响应。

（1）煤层倾角是控制采煤沉陷盆地几何特征的重要因素。因煤层倾角的不同，覆岩在采动过程中的移动变形特征随之发生明显变化。开采水平煤层时，开挖引起应力重新分布，在采空区顶板的中部拉应力明显集中。当开挖扰动产生的拉应力超过顶板抗拉强度时，顶板被破坏，上覆岩层在自重作用下沿竖直方向冒落和弯曲下沉，地表破坏形态为对称的下沉盆地。开采缓倾斜和倾斜煤层时，覆岩重力方向与岩层面法线斜交，因而，除产生垂直层面的法向应力外，还会产生沿层面方向的切向应力。随着煤层倾角增大，垂直于层面的应力减小，岩层面滑移的切向应力增大，致使采空区上山方向的部分岩层受拉伸，甚至被拉断，而下山方向的部分岩层受压缩。地表最大下沉点向下山方向偏移，地表下沉曲线在下山边界附近比上山边界附近要陡，地表破坏形态是非对称的下沉盆地。开采急倾斜煤层时，对地表的破坏主要发生在煤层顶板（倾向）一侧。随着采空区范围向下延伸，顶板岩层向采空区发生离层变形和冒落，采空区上部边界以上未采煤体容易发生顺层下滑，从而在地表沿煤层走向方向形成半地堑式塌陷坑（孙学阳等，2008）。

（2）采动应力和采煤沉陷特征与褶皱构造的形态特征有密切的联系。采动应力特征：压应力集中在切眼和停采线附近，拉张应力集中在采空区上方的煤层顶板部位；无论压应力还是张应力，其量值均以向斜构造最大，背斜构造最小，水平煤层介于背斜和向斜之间。

背斜构造具有拱的形状，像拱桥一样，可以承受较大的载荷；向斜构造与背斜弯曲方向正好相反，其转折端的残余构造张力与采动引起的张力叠加，更容易造成采空区顶板的破断与冒落。因而，在工作面推进相同长度时，向斜构造煤层开采时的地表下沉值最大，其次为水平煤层，背斜构造煤层开采时的地表下沉值最小。

在相同的地质、采矿条件下，背斜构造翼间角与采煤沉陷盆地最大下沉值呈正相关关系，随着背斜构造翼间角的增大，采煤沉陷下沉值逐渐增大；向斜构造翼间角与地表最大下沉值负相关，随着向斜构造翼间角的增大，下沉值逐渐减小。

对于采煤沉陷的影响范围而言，开采背斜构造的煤层在地表形成的采煤沉陷盆地范围最大；开采向斜构造的煤层时，在地表形成的采煤沉陷盆地范围最小；开采水平煤层时，在地表形成的采煤沉陷盆地范围介于前二者之间(孙学阳等，2008)。

2）构造形态对采煤沉陷的控制机理

(1) 倾斜构造对采煤沉陷灾变的控制机理。在倾斜矿层条件下，岩层的自重力方向与岩层面不垂直，覆岩在自重力的作用下，除产生层面垂向应力外，还会产生沿层面方向的移动的切向应力，如图 2.2 所示。即

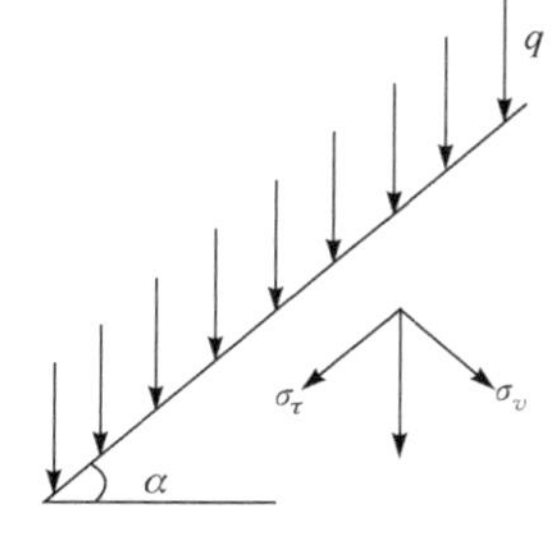

图 2.2　煤层顶板力学分解图

$$\sigma_v = q\cos a \tag{2.10}$$

$$\sigma_\tau = q\sin a \tag{2.11}$$

由式(2.10)和式(2.11)可以看出，随着煤层倾角 α 增大，垂直层面的应力减小，沿岩层面滑移的切向应力 σ_τ 增大，致使采空区上山方向的部分岩层受拉伸，甚至被剪断，而下山方向的部分岩层受压缩。

根据薄板弯曲理论分析倾斜煤层开采条件下顶板的挠曲，首先要解决的是载荷问题，在倾斜开采条件下，此时载荷不再是均匀载荷，而是三角形载荷，按载荷以法线方向作用于薄板的原则(赵德深，2000)，将其可分析如下。设 $ABCD$ 为所研究的薄板(顶板)，如图 2.3 所示，则

上方所受载荷由两部分组成，一部分是矩形柱体 $ABCD\text{-}EFGH$ 构成的均匀载荷 q_1，另一部分是由 $EFGH\text{-}IJ$ 构成的沿走向均匀而倾向为线性变化的三角形载荷 $q_2(y)$。因此，此时薄板所受载荷为

$$q(x,y)=q_1+q_2(y)=rH_1+(H_2-H_1)\frac{y}{b} \tag{2.12}$$

薄板在受到均匀载荷下，其挠曲函数为

$$w(x,y)=\frac{16q}{D}\frac{1}{\left(\frac{1}{a^2}+\frac{1}{b^2}\right)^2}\sin\frac{\pi x}{a}\sin\frac{\pi y}{b}=\frac{q_1}{D} \tag{2.13}$$

式中，$D=Eh^3/[12(1-\mu)]$为薄板的挠曲刚度；a 为垂直于工作面(沿工作面推进方向)的长度；b 为沿工作面方向的长度。

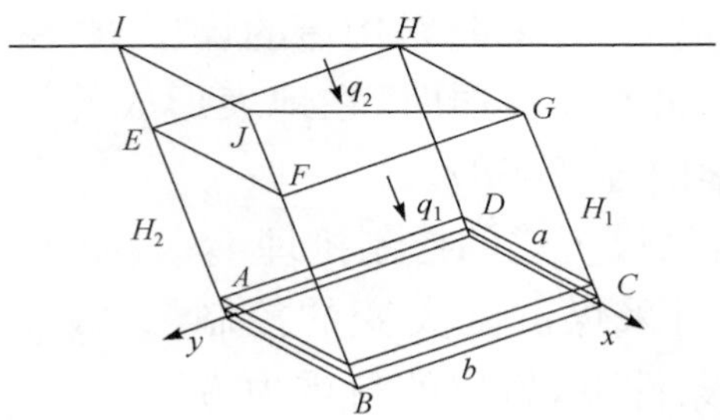

图 2.3　倾斜薄板受载荷示意图(赵德深，2000)

通过载荷分解，可以得到倾斜薄板的挠曲面微分方程为

$$\boldsymbol{\Delta}^4 w=\frac{q(x,y)}{D}=\frac{q_1}{D}+\frac{q_2(y)}{D} \tag{2.14}$$

按叠加原理，均匀荷载的挠曲方程已求得，现求取 $\mathrm{d}^4 w=\frac{q_2(y)}{D}$的挠曲函数 $w_2(x,y)$。

根据 Navier 的理论，对薄板施加三角载荷时，由薄板挠曲函数的求解方法可得

$$w_2(x,y)=\frac{8q_2}{\pi^6 D}\sum_{n=1}^{\infty}\sum_{m=1}^{\infty}\frac{1}{mn\left(\frac{m^2}{a^2}+\frac{n^2}{b^2}\right)^2}\sin\frac{mx\pi}{a}\sin\frac{ny\pi}{b} \tag{2.15}$$

式中，$q_2=r(H_2-H_1)$。若取 $n=m=1$，则

$$w_2(x,y)=\frac{8q_2}{\pi^6 D}\frac{1}{\left(\frac{1}{a^2}+\frac{1}{b^2}\right)^2}\sin\frac{\pi x}{a}\sin\frac{\pi y}{b} \tag{2.16}$$

按叠加原理可得倾斜薄板的挠曲函数为

$$w(x,y)=\frac{16q_1+8q_2}{\pi^6 D\left(\frac{1}{a^2}+\frac{1}{b^2}\right)^2}\sin\frac{x\pi}{a}\sin\frac{y\pi}{b} \tag{2.17}$$

由于薄板受不均匀载荷作用，因此最大挠曲点不再位于薄板的几何中心，而应位于 $x=a/2$ 的直线上。由式(2.14)可以看出，此时主要取决于 $q_2(y)/D$。故可分析式(2.15)，令 $x=a/2$，并取 $m=1,n=1,2$，得

$$w_2(y)=\frac{8q_b}{\pi^6 D}\left[\frac{1}{\left(\frac{1}{a^2}+\frac{1}{b^2}\right)^2}\sin\frac{\pi y}{b}-\frac{1}{2\left(\frac{1}{a^2}+\frac{4}{b^2}\right)^2}\sin\frac{2\pi y}{b}\right] \tag{2.18}$$

令 $\frac{\mathrm{d}w_2(y)}{\mathrm{d}y}=0$，则有

$$A\cos\frac{\pi y}{b}=\cos\frac{2\pi y}{b} \tag{2.19}$$

式中，$A=\left(\frac{1}{a^2}+\frac{4}{b^2}\right)^2\Big/\left(\frac{1}{a^2}+\frac{1}{b^2}\right)^2$，与薄板的几何尺寸有关。

由式(2.18)可得

$$y=\frac{b}{\pi}\arccos\left[\frac{1}{4}\left(A-\sqrt{A^2+8}\right)\right] \tag{2.20}$$

由式(2.20)可求得薄板最大挠度即煤层顶板最大下沉量在倾斜方向的位置。当 $a=b$ 时，$y=0.55b$，说明此时最大挠度点由 $y=b/2$ 处向下山方向偏移 $0.05b$。

(2) 褶皱构造对采煤沉陷灾变的控制机理(孙学阳等，2008；夏玉成等，2008d)。背斜构造中的煤层被开采后，采空区的顶板可以被看作两端被煤柱支撑的拱，将其简化为如图 2.4 所示的力学模型。L 是采空区长度，q 是覆岩单位长度上的重力。拱脚的截面是倾斜的，支座反力 R 可以产生水平 R_h 与垂直 R_v 方向上的分力。

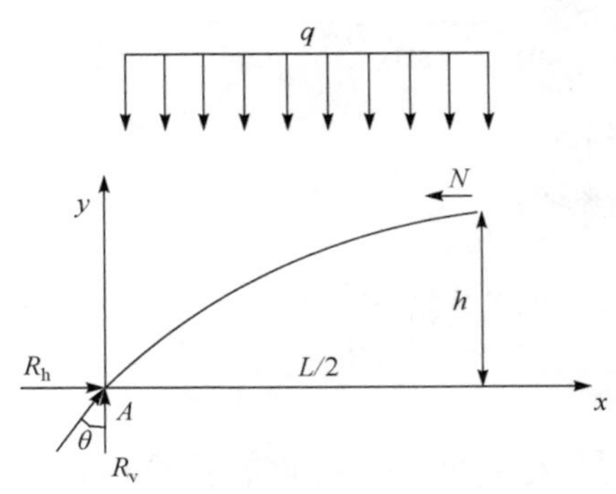

图 2.4　“背斜”拱的受力分析

当拱座的一端为不动铰支，另一端为滚动铰支时，拱可以看作纵剖面为曲线的梁，这时

$$M_x^0=\frac{pl}{2}x-\frac{p}{2}x^2,\quad Q_x^0=\frac{pl}{2}-px \tag{2.21}$$

式中，p 为拱上承受的单位长度上的荷载。

当拱座的两端都承受水平力时，任取 x 截面，这时截面上作用的力为

$$\begin{cases}M_x=M_x^0-R_\mathrm{h}y\\N_x=Q_x^0\sin\theta+R_\mathrm{h}\cos\theta\\Q_x=Q_x^0\cos\theta+R_\mathrm{h}\sin\theta\end{cases} \tag{2.22}$$

式中，θ 为所计算截面处拱轴切线的倾角；M_x 为 x 截面的弯矩；N_x 为压力的弯矩；Q_x 为 x 截面的剪力。

由式(2.21)和式(2.22)可以看出，水平分力的存在使得截面产生的弯矩大大减小。从结构力学上说，拱承受的力比梁结构要大。

拱脚的稳定与否就显得非常重要，因为拱脚是承力体，需要平衡水平分力 R_h 与垂直分力 R_v，从而保持“背斜拱”的稳定。

根据结构力学，在均布荷载下，通常，拱的轴线是一条抛物线，其各个截面上的弯矩及剪力为零。因该结构为一个对称结构，可取半个拱进行研究，建立如图 2.4 所示的坐标系，其合理拱轴线方程为

$$y=\frac{4h}{l^2}(l-x)x \tag{2.23}$$

根据图 2.4，由力及力矩平衡可得

$$\begin{cases}\sum x=0\Rightarrow R_\mathrm{h}-N=0\\\sum y=0\Rightarrow R_\mathrm{v}-p\cdot\frac{1}{2}=0\\\sum M_A=0\Rightarrow p\cdot\frac{1}{2}\cdot\frac{1}{4}=N\cdot h\end{cases} \tag{2.24}$$

由式(2.24)可知：

$$R_h=\frac{pl^2}{8h},\quad R_v=\frac{pl}{h}$$

式中，R_h 为水平分力；R_v 为垂直分力；p 为覆岩重力；l 为拱跨长；N 为拱顶部截面处所受轴力的水平内力；h 为分层厚度即采高。

可以看出，“背斜拱”的稳定与采空区的长度、采高、煤层上覆岩的荷载大小和两边煤柱的强度条件有关。

开采向斜构造煤层时，如图 2.5 所示，当工作面位于 C 点时，开采对地表的影响达到 O 点；工作面位于 E 点时，对地表产生的采动影响将会传播到 E_1 点；工作面长度延续到 O_1 点位置时，对地表产生的采动影响点将从 E_1 转回到 O；当工作面位置在 F 点时，对地表产生的采动影响点将由 O 点转回到 F_1 点；工作面位置由 F 点延续到 D 点时，地表受到采动影响的点将从 F_1 再次转回到 O 点；随着工作面的向前延续，O 点前方的地表将会受到影响。由此可知，地表 F_1 至 E_1 段将会受到重复采动的影响。如果以向斜构造的轴为边界，地表 F_1 至 E_1 段会反复受到开采煤层左翼和右翼的影响。这就相当于该地段受到两个工作面的开采影响，即该地段地表移动会产生再次活化的过程。因此，向斜构造的地表下沉量相对较大，并且位于轴部附近。

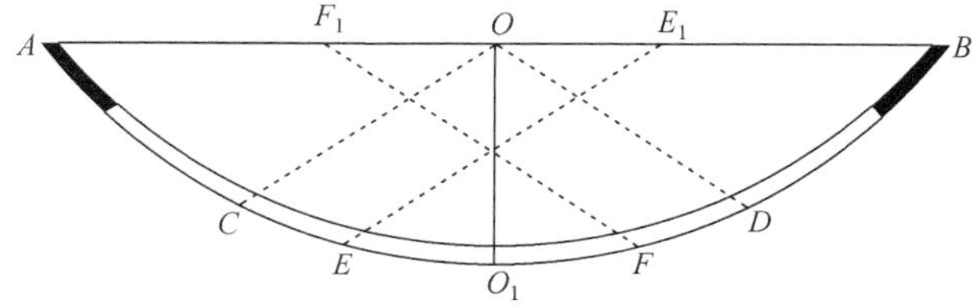

图 2.5 开采向斜构造地表移动

背斜构造具有拱的形状，像拱桥一样，可以承受较大的载荷，因而采煤沉陷幅度较小。而向斜的弯曲方向与背斜相反，不仅没有“拱”的功能，而且在开采向斜部位的煤层时，还会在向斜轴部附近产生重复采动，从而加大向斜构造采煤沉陷盆地的地表下沉量。

褶皱构造可以被近似地认为是两个单斜构造的组合。由于在开采倾斜煤层时，地表最大下沉点偏向下山边界的一侧，所以，在背斜构造部位采煤时，地表最大下沉点分别出现在背斜的两翼，采煤沉陷盆地的范围较大；而在向斜构造部位采煤时，地表最大下沉点出现在向斜的轴部附近，故下沉盆地的范围较小。

2.3.3 构造界面对采煤沉陷的控制

1）构造界面对采煤沉陷的控制作用

构造界面往往是力学强度相对薄弱的部位。构造界面的不同组合影响到应力传递，造成应力的局部集中和不均匀分布，并将原本连续均一的岩体切割成大小不等的岩块，从根本上改变岩体的变形和强度特性，导致岩体在力学性能方面表现出不同程度的不连续性、不均一性、各向异性和极复杂的非线性应力应变关系，从而对岩体的变形破坏方式及岩体的稳定性起到控制作用。显然，构造界面越发育，煤层覆岩的力学性质越差，在地下开采过程中，地质环境越容易遭到破坏。煤层覆岩中的节理、断层与采煤沉陷的关系如下。

（1）节理发育程度及其倾角对采煤沉陷的影响（夏玉成等，2008b）。节理发育程度加剧采煤沉陷。在相同的地质、采矿条件下，覆岩中节理越发育，开采损害起动距越小；在同样强度的开采扰动下，覆岩中的节理越发育，地表的移动变形越强烈。

节理倾角与地表最大下沉值成正相关。水平节理对地表下沉的贡献不太显著；随着节理倾角的增大，地表下沉系数快速增大。

（2）断层对采煤沉陷的影响。断层破坏岩层的连续性，弱化覆岩的力学强度，容易引起应力集中，因而有利于采煤沉陷的发生与发展。当岩体内有断层发育时，断层成为覆岩移动的界面，断层露头处易形成台阶状下沉，地表形成不连续沉陷盆地。

在走向长壁全垮落开采条件下，当煤层覆岩中有倾向正断层发育时，地表形成不连续的塌陷盆地，断层露头附近的台阶高度和采煤沉陷盆地的最大下沉值随着断层倾角的变陡而增大。

在上述条件下，开采断层上盘的煤层，且开采方向与断层面倾向相反时，采动影响被断层阻隔，与无断层时相比，地表下沉范围缩小，下盘地表下沉和变形值减小，上盘地表下沉和变形值增加。如果断层倾向与采煤工作面推进方向一致，且开采断层下盘的煤层，断层面受拉而张开，地表下沉范围不受断层阻隔，会向断层上盘扩展，但范围仍将减小；同时，上盘地表下沉值减小，下盘地表下沉值增加，断层露头处易产生台阶状差异沉陷，断层上盘地表出现张裂缝（孙学阳等，2008）。

当采区上方覆岩中两条（或更多条）断层呈不同的组合形式时，对采煤沉陷的影响是有明显差异的。如果两条正断层在剖面上呈地垒式（或“∧”字形）组合，在煤层开采后，由于采空区上方的拉张应力作用，断层面具有张扭性活动的特点，几乎没有摩擦阻力，被断层切割而成的梯形岩块很容易向下垮落，从而在地表引起槽形塌陷；如果断层呈地堑式（或“∨”字形）组合，在采煤沉陷过程中，断层面具有压扭性活动的特点，其上的摩擦阻力较大，因而地表将出现范围较大而幅度较小的弯曲下沉。

2）构造界面对采煤沉陷的控制机理

节理的方向以裂隙面单位法向矢量 n 表示，其与产状的关系如图 2.6 所示。

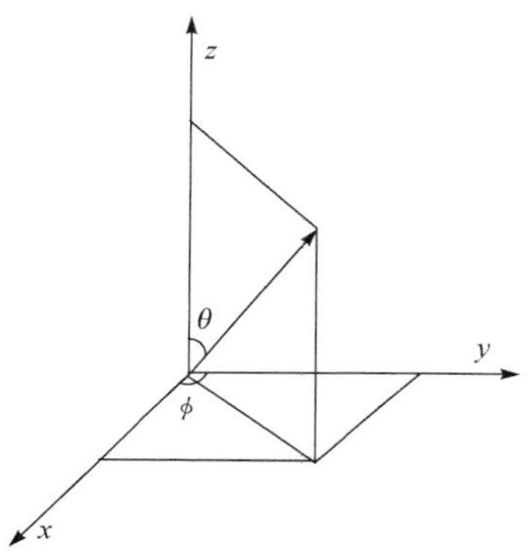

图 2.6 节理法向矢量与产状的关系

所有与单位长 e_i 测线相耦合的裂隙矢量 $2an$ 之和需对 n 和 a 在 $0\leqslant a\leqslant\infty$ 域内积分得到，和矢量的分量为

$$F_{ij}=2\pi\int_0^\infty\int_Q a^3 n_i n_j E(n,a)\mathrm{d}Q\mathrm{d}a \tag{2.25}$$

式中，F_{ij} 为裂隙张量；$E(n,a)$ 是半径为 a、单位法向矢量为 n 的裂隙概率密度函数，具有对称性，即 $E(n,a)=E(-n,a)$；Q 为立体角，即 4π。

四阶裂隙张量定义为

$$F_{ijkl}=2\pi\int_0^\infty\int_Q a^3 n_i n_j n_k n_l E(n,a)\mathrm{d}Q\mathrm{d}a \tag{2.26}$$

由热力学第二定理可知，具有损伤的材料本构关系（唐家祥等，1989）为

$$\varepsilon^e=C^{0-d}\sigma \tag{2.27}$$

式中，C^{0-d} 为损伤体等效柔度张量，可用裂隙张量 F 表示为

$$C_{ijkl}^{0-d}=C_{ijkl}^{0}+\frac{1}{E_0\pi}\left[A(1-\overline{C}_{\mathrm{v}})^2-B(1-\overline{C}_{\mathrm{s}})^2\right]F_{ijkl}$$

$$+\frac{1}{4E_0\pi}B(1-\overline{C}_s)(\delta_{jk}F_{il}+\delta_{jl}F_{ik}+\delta_{il}F_{jk}+\delta_{ik}F_{jl})$$

(2.28)

式中，E_0 为无损伤岩体的弹性模量；δ 为 Kronecker 符号；C^0_{ijkl} 为无损伤岩体弹性柔度张量，且

$$C^0_{ijkl}=-\frac{v_0}{E_0}\delta_{ij}\delta_{kl}+\frac{1+v_0}{2E_0}(\delta_{ik}\delta_{jl}+\delta_{il}\delta_{jk}) \tag{2.29}$$

式中，v_0 为泊松比；$\overline{C}_v$ 和 $\overline{C}_s$ 分别为压剪应力场中 C_v 和 C_s 在立体角内的平均值：

$$C_v=\frac{\pi a}{\pi a+\dfrac{E}{(1-v^2)K_n}},\quad C_s=\frac{\pi a}{\pi a+\dfrac{E}{(1-v^2)K_s}} \tag{2.30}$$

式中，K_n 和 K_s 分别为裂隙面的法向和切向刚度系数。对于随机分布的微裂隙等缺陷，采用统计平均尺寸研究时，微裂隙的概率分布密度函数（唐家祥等，1989）取为

$$E(n,a)=\frac{1}{4\pi} \tag{2.31}$$

式(2.31)满足归一化条件：

$$\int_Q E(n)\mathrm{d}Q=2\int_{\frac{Q}{2}}E(n)\mathrm{d}Q=2\int_0^{2\pi}\frac{1}{4\pi}\mathrm{d}\varphi\int_0^{\frac{\pi}{2}}\sin\theta\mathrm{d}\theta=1 \tag{2.32}$$

由式(2.32)和式(2.26)可得裂隙张量的分量为

$$F_{11}=2\pi\rho\int_0^{\infty}\int_Q a^3n_1n_1E(n,a)\mathrm{d}Q\mathrm{d}a=\frac{2}{3}\pi\rho a^3 \tag{2.33}$$

$$F_{22}=2\pi\rho\int_0^{\infty}\int_Q a^3n_2n_2E(n,a)\mathrm{d}Q\mathrm{d}a=\frac{2}{3}\pi\rho a^3 \tag{2.34}$$

$$F_{1111}=2\pi\rho\int_0^{\infty}\int_Q a^3n_1n_1n_1n_1E(n,a)\mathrm{d}Q\mathrm{d}a=\frac{2}{5}\pi\rho a^3 \tag{2.35}$$

$$F_{1122}=2\pi\rho\int_0^{\infty}\int_Q a^3n_1n_1n_2n_2E(n,a)\mathrm{d}Q\mathrm{d}a=\frac{2}{15}\pi\rho a^3 \tag{2.36}$$

同样可得

$$F_{1212}=5\pi\rho a^3 \tag{2.37}$$

将式(2.33)～式(2.37)代入式(2.28)，将节理看成币状裂（王勇

等，2006），并设 $\overline{C}_{\mathrm{v}}=\overline{C}_{\mathrm{s}}=0$，则有

$$C_{1111}^{0-d}=\frac{1}{E_0}+\frac{1}{E_0}\rho a^3\frac{16}{45}\cdot\frac{10-3v_0}{2-v_0}(1-v_0^2) \tag{2.38}$$

$$C_{1122}^{0-d}=-\frac{v_0}{E_0}-\frac{v_0}{E_0}\rho a^3\frac{16}{45}\cdot\frac{1}{2-v_0}(1-v_0^2) \tag{2.39}$$

$$C_{1212}^{0-d}=\frac{1+v_0}{2E_0}+\frac{1}{E_0}\rho a^3\frac{16}{45}\cdot\frac{5-v_0}{2-v_0}(1-v_0^2) \tag{2.40}$$

损伤体等效柔度张量 C^{0-d} 的分量为

$$C_{1111}^{0-d}=\frac{1}{E},\quad C_{1122}^{0-d}=-\frac{v}{E},\quad C_{1212}^{0-d}=\frac{1+v}{2E} \tag{2.41}$$

式中，E 和 v 分别为等效弹性模量与等效泊松比。记节理密度参数为 x，通过式(2.38)～式(2.40)中的一个与式(2.41)中 3 个公式的任意 2 个得到：

$$\frac{E}{E_0}=\frac{1}{1+\frac{16}{45}\cdot\frac{10-3v_0}{2-v_0}(1-v_0^2)\cdot x} \tag{2.42}$$

$$\frac{v}{v_0}=\frac{E}{E_0}\left[1+\frac{16}{45}\cdot\frac{1-v_0^2}{2-v_0}\right]\cdot x \tag{2.43}$$

在式(2.42)和式(2.43)中，由于岩石泊松比 $v_0<1$，所以 $E<E_0$，$v<v_0$。因此，构造界面（节理）的存在，使关键层的弹性模量和泊松比都降低，从而加剧了采煤沉陷灾变的发生。

2.3.4　构造应力对采煤沉陷的控制

1）构造应力对采煤沉陷的控制作用

地球是一个高度活动的动态系统。构造应力广泛存在于地球浅部，是地表在人为地质作用下发生变形的动力学背景。如果说覆岩本身的特点（构造介质、构造形态、构造界面）是地质历史时期产生的影响采煤沉陷的静态地质因素，那么构造应力就是反映目前煤矿区构造动力学状态的动态地质因素，必然对采煤沉陷产生不可忽视的影响（方建勤等，2004；夏玉成，2003；隋惠权等，2002）。

(1) 构造应力是控制采煤沉陷的一个不容忽视的重要因素。周边板块的动力学作用决定了我国现代构造应力的格局，挤压与拉张是煤

矿区常见的两种最基本的构造应力状态。在某些煤矿区,水平构造应力大于垂向重力,甚至是重力的数倍。由于构造应力的作用,可以改变采动影响下的岩层移动方向和移动量的大小,同时影响井下巷道的变形破坏模式,并产生冲击地压,威胁煤矿安全生产;构造应力可能加剧采煤沉陷,也可能减缓采煤沉陷,在研究采煤沉陷时若只考虑自重应力,而忽视构造应力对其的影响,会使采煤沉陷预计和实际情况出现较大偏差;构造应力还会通过对构造介质(覆岩力学性质)、构造形态和构造界面等产生深刻影响,间接控制采煤沉陷。因此,无论从保证井下安全的角度出发,还是从保护地表生态环境的需要着想,构造应力都应成为采煤沉陷的重要研究内容。

(2) 拉张构造应力会显著降低煤层覆岩的抗扰动能力。生产实践和试验研究证明,在地质、采矿条件和开采强度(工作面推进距离)完全相同的情况下,有挤压构造应力作用时,采煤沉陷出现较晚,地表最大下沉值较小;而在拉张构造应力作用下,采煤沉陷出现较早,地表最大下沉值较大。

(3) 适度的挤压构造应力具有延缓采煤沉陷的作用。生产实践和试验研究证明,处于挤压构造应力作用下的煤矿区,只要挤压构造应力小于上覆岩层的临界破坏应力,在煤层开采过程中,覆岩运动、变形及其对地表地质环境的损害相对较弱,或表现滞后。

(4) 在新构造运动比较活跃的煤矿区,构造应力可以改变采动影响下的岩层移动方向和移动量的大小。挤压构造应力有使地表相对抬升的趋势,而拉张构造应力则有加剧地表断陷的可能。所以地表绝对下沉量应为采动影响下沉量与构造运动附加量的矢量和。

(5) 采空区长度方向与构造应力场最大压应力方向平行,有利于抑制采煤沉陷灾变的发生。在有构造应力作用的煤矿区,随着采空区长度方向与构造应力场最大压应力方向由平行变为垂直,巷道变形、采空区周围应力集中程度及采空区围岩的变形量明显增加。因此,在布置主要巷道和工作面时,应尽可能使其长度方向平行于构造主压应力的方向。

2) 构造应力对采煤沉陷的控制机理

挤压构造应力控制采煤沉陷的机理主要有三点。其一,覆岩受到的高围压作用可以使岩体中的构造结构面闭合，出现应变硬化效应，提高岩体的抗剪强度，并使岩体的力学强度显著增强。其二，根据覆岩弯曲变形理论分析，如果煤矿区处于挤压构造应力场中，在煤层未开采之前，侧向挤压应力在煤系地层中形成向上弯曲的预应力；而在煤层开采之后，由于覆岩重力作用，煤层顶板又有向下弯曲变形的趋势。所以，在煤层被采出后，覆岩重力首先克服侧向力造成的向上的弯矩，剩余的垂向力才引起煤层顶板向下弯曲变形。其三，侧向挤压构造应力使煤层覆岩受到夹持力作用，可抵消一部分重力，从而提高导致岩体失稳的临界重力，减小采动影响下覆岩的下沉幅度和速度。

拉张构造应力控制采煤沉陷的机理也主要有三点。第一，由于岩体的抗拉强度较小，煤层覆岩受到拉张构造应力作用时，较易形成张性结构面，而且构造界面对拉张应力几乎没有抵抗能力，所以在以拉张变形为特色的伸展构造区，岩体中张性破裂构造，如张节理、正断层等往往比较发育，因而整个岩体比较破碎，力学强度明显降低，在采动影响下比较容易产生对地表地质环境的损害。第二，根据覆岩单元体平衡理论分析，煤层被开采以后，处于采空区上方的覆岩单元体的垂向极限平衡应力随区域构造应力状况而改变：在拉张应力场中最小，自重应力场中居中，而在挤压应力场中最大。因而，在拉张构造应力作用下的煤矿区，相对于自重应力场或挤压应力场而言，较小的覆岩重力，就可导致采空区上覆岩土体失稳。第三，拉张构造应力可以部分或全部抵消因重力作用在岩体中产生的侧向挤压应力，相当于减小了对采空区上方岩块的夹持力，因而将显著降低导致岩体失稳的临界重力和岩体的强度，在采动影响下很容易发生地表弯曲下沉或不连续塌陷。

2.4 本章小结

(1) 在煤炭井工开采矿区，当开采面积达到一定范围之后，破坏了开采区域周围岩土体的原始应力平衡状态。在采煤的过程中以及开采一段时期内，岩土体和地表通过连续的移动、变形和非连续的破坏，使应力重新分布，以达到新的平衡，从而导致地表移动变形。这一过程统称为采煤沉陷。采煤沉陷灾变是指采煤沉陷对生态环境的影响从可以接受到形成灾害的突变过程。对生态环境的影响包括引起地表建(构)筑物破坏和造成具有区域供水意义的地下水资源流失,把前者称为采煤沉陷Ⅰ类灾变,后者称为采煤沉陷Ⅱ类灾变。

(2) 采煤沉陷灾变的发生受地质因素的影响,表现为构造介质的变形与破坏。构造形态决定构造介质中的原岩剩余应力状态。构造界面决定着构造介质的岩体结构,影响着岩体的变形习性。构造应力为岩体发生变形提供了动力学背景。构造介质、构造形态、构造界面、构造应力相互影响、相互制约、协同作用,构成了人类地下采矿活动的煤矿区构造环境。

(3) 由于煤矿区所处的构造环境不同,矿区地质环境所能承受的最大开采强度有明显的差异。因此,煤矿区构造环境的内在结构和特性是采煤沉陷灾变形成与发展的控制性因素。本章同时分析了构造环境要素对采煤沉陷的控制作用和控制机理。

3 构造环境要素对采煤沉陷的影响度分析

构造环境要素对采煤沉陷灾变具有十分重要的控制作用，但是每种构造环境要素对采煤沉陷灾变发生的“贡献”大小是不同的。因此，确定构造环境要素对采煤沉陷的贡献度，筛选出影响采煤沉陷的主要构造因素，是建立采煤沉陷灾变辨识模型时必须解决的关键问题。

为此，在其他三种构造环境要素取定值的条件下，通过改变一个构造环境要素的取值的原则建立四大类模型，分别考查该构造环境要素对采煤沉陷的影响度。每大类模型根据地质因素特征又进一步划分 2～3 个小类模型，试验方案见表 3.1。

表 3.1 构造环境要素对采煤沉陷的影响度分析的数值试验模型

模型编号		变量	恒量	构造环境要素特征			
一级	二级			构造介质	构造形态	构造界面	构造应力
M1	M1-1 M1-2 M1-3	构造介质	构造形态 构造界面 构造应力	无关键层 上位关键层 下位关键层	近水平	不发育	自重应力
M2	M2-1 M2-2 M2-3	构造形态	构造介质 构造界面 构造应力	无关键层	背斜 向斜 近水平	不发育	自重应力
M3	M3-1 M3-2	构造界面	构造介质 构造应力 构造形态	无关键层	近水平	不发育 发育	自重应力
M4	M4-1 M4-2 M4-3	构造应力	构造介质 构造形态 构造界面	无关键层	近水平	不发育	挤压应力 拉张应力 自重应力
开采条件			开采厚度 2m，全部垮落法管理顶板				

3.1 构造介质对采煤沉陷的影响度

构造介质包括:①岩石物理力学性质,主要反映覆岩的综合硬度;②关键层,关键层越厚、硬度越大、层数越多,覆岩越稳定;③构造介质的岩性结构,这里的岩性结构是指构造介质的基岩和松散层的比例关系,即土岩比。煤层的基岩层厚度越大,煤层开采后所形成的采空区的上覆岩层抗弯能力也就越强,对地表的影响也就越小;一般认为表土层厚度的增加是增加了采空区上覆主要承载介质——基岩层的承载荷载。表土层厚度增加,其对基岩层的破坏作用也就越明显。

1) 模型建立

当覆岩综合硬度相同而结构不同时,采煤沉陷会呈现出不同的特征,这是构造介质中存在关键层的缘故。关键层对采煤沉陷具有强烈的控制作用,这里主要研究关键层在覆岩中的位置对采煤沉陷的影响。在覆岩综合硬度相同的情况下,考察关键层处于构造介质的上部和下部两种情况下的采煤沉陷特征。为了对比说明关键层的控制作用,建立一个覆岩综合硬度不变,而构造介质中不存在关键层的模型。

根据陕西省铜川矿区常见的覆岩组合特征,对构造介质的复杂结构进行了简化处理,即假设在覆岩中只有一个关键层。为了考查上述情况下的采煤沉陷特征,建立了代号为 M1 的模型。建模时将构造界面设为不发育、构造形态设为近水平、构造应力设为自重应力保持不变,将构造介质中没有关键层的模型记为 M1-1,关键层位于构造介质上部的模型记为 M1-2,位于构造介质下部的模型记为 M1-3(表 3.1)。

本次模拟参数以陕西省铜川矿区王石凹矿煤层赋存的实际为原型,应用数值模拟软件 $RFPA^{2D}$进行模拟。每个模型由 14 层共 400m 厚的覆岩、1 层 2m 厚的煤层和 1 层 30m 厚的底板组成,煤岩物理力学参数见表 3.2。根据关键层理论可以算出,表 3.2 中序号为 13 的厚 40m 的中粗砂岩为煤层覆岩中的关键层,构造模型为 M1-2。为了研究关键层位置对采煤沉陷的影响,把层 13 和层 8 互换位置,构造模型为 M1-3。对模型各参数进行调整使各岩层力学参数较为相近,建立无明显关键层模型 M1-1,如图 3.1 所示。

表 3.2 煤岩物理力学参数

序号	岩性	厚度/m	弹性模量/MPa	泊松比	抗压强度/MPa	抗拉强度/MPa	重力密度/(kN/m³)	内摩擦角/(°)	黏结力/MPa
16	黄土	60	40	0.23	0.08	0.0004	18.7	25	0.0023
15	中粗砂岩	32	15000	0.32	78	0.692	22.59	52	2.93
14	泥岩	10	18700	0.43	13	0.0742	27.5	40	1.53
13	中粗砂岩	40	23400	0.32	62.4	0.995	25.59	47	3.82
12	泥岩	20	18700	0.43	13	0.115	27.5	32	1.91
11	中粗砂岩	48	22200	0.19	60	0.685	26.3	52	3.29
10	砂质泥岩	36	12200	0.23	33	0.293	25.1	43	2.19
9	中细砂岩	5	28800	0.13	103	1.18	26.14	55	4.73
8	泥岩	30	17300	0.44	19	0.169	26.59	30	3.27
7	中粗砂岩	18	27200	0.24	88	1.17	26.69	49	5.37
6	砂岩	52	25400	0.44	15.2	0.152	26.59	25	3.36
5	粉砂岩	22	22200	0.23	33	0.584	25.1	29	3.16
4	砂岩	22	26200	0.21	45	0.449	27.49	41	3.07
3	细砂岩	5	21600	0.44	15.2	0.168	26.99	25	3.82
2	煤层	2	1200	0.26	14.5	0.0578	25.1	20	1.30
1	细砂岩	30	27000	0.22	35	2.32	26.59	45	7.83

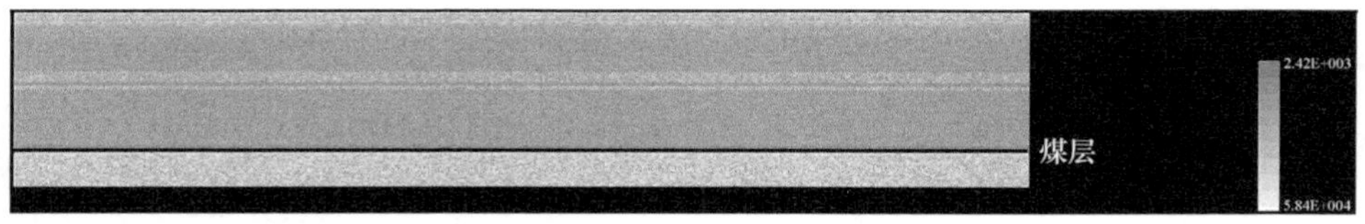

(a) M1-1模型

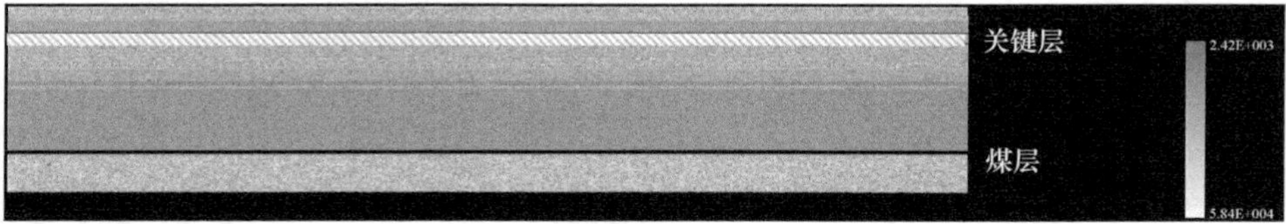

(b) M1-2模型

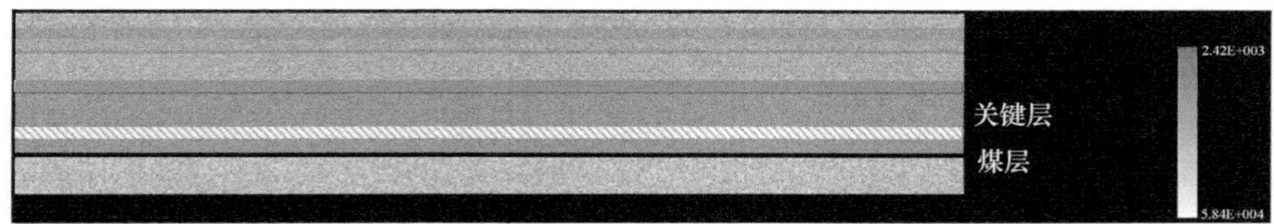

(c) M1-3模型

图 3.1 M1 模型示意图

3 个模型尺寸均为 1000m×600m,网格划分为 1000×600 个基元,分 60 步开挖,每步向右开挖 10m,开挖长度为 600m,左右各留 200m 的煤柱。

表 3.2 中覆岩综合普氏硬度约为 6,对应覆岩综合评价系数为 0.1,按照“三下”采煤规程中求解地表下沉系数的方法,求出地表下沉系数为 0.5,地表最大下沉值为 1000mm。

2）模拟开采

随着开采尺寸的增大,顶板开始垮落,上覆岩层出现离层裂隙,地表出现弯曲下沉。当地表下沉值达到 10mm 时,对应的工作面推进长度称为开采损害起动距。3 个模型的开采损害起动距是不同的:没有关键层时的开采尺寸为 100m,模型中离层裂隙较为发育,如图 3.2(a)所示;关键层在构造介质上部时,煤层顶板破坏相对严重,关键层下部覆岩的离层相对上部的离层更为发育,说明关键层阻碍了离层的进一步发展,此时对应的开采尺寸为 150m,如图 3.2(b)所示;关键层在构造介质下部时,情形和图 3.2(b)相似,只是裂隙不太发育,对应的开采尺寸为 130m,如图 3.2(c)所示。因此关键层对采煤沉陷具有较强的控制作用,而关键层处于构造介质上部时,控制作用更加明显。关键层的存在使开采损害起动距增大,可以有效保护地表环境。

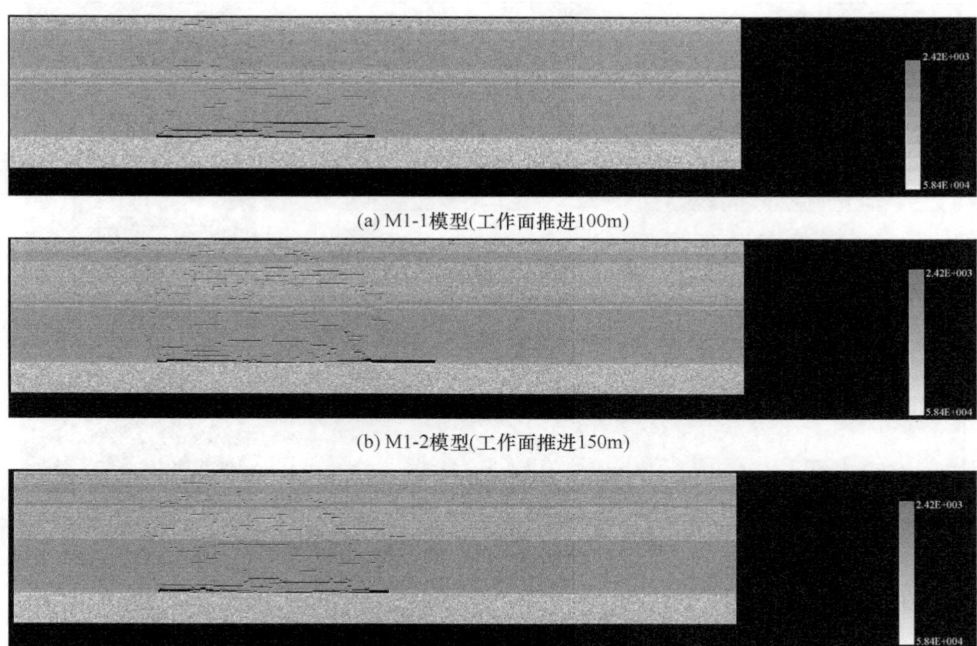

(a) M1-1模型(工作面推进100m)

(b) M1-2模型(工作面推进150m)

(c) M13模型(工作面推进130m)

图 3.2　地表下沉 10mm 时对应工作面推进距离

随着开采尺寸的继续增大，离层裂隙进一步向上扩展。当工作面推进至 480m 时，达到充分采动，无关键层模型的地表下沉值达到 1050mm，如图 3.3(a)所示；关键层在构造介质上部时，地表下沉值达到 788mm，如图 3.3(b)所示；关键层在构造介质下部时，地表下沉值为 893mm，如图 3.3(c)所示。

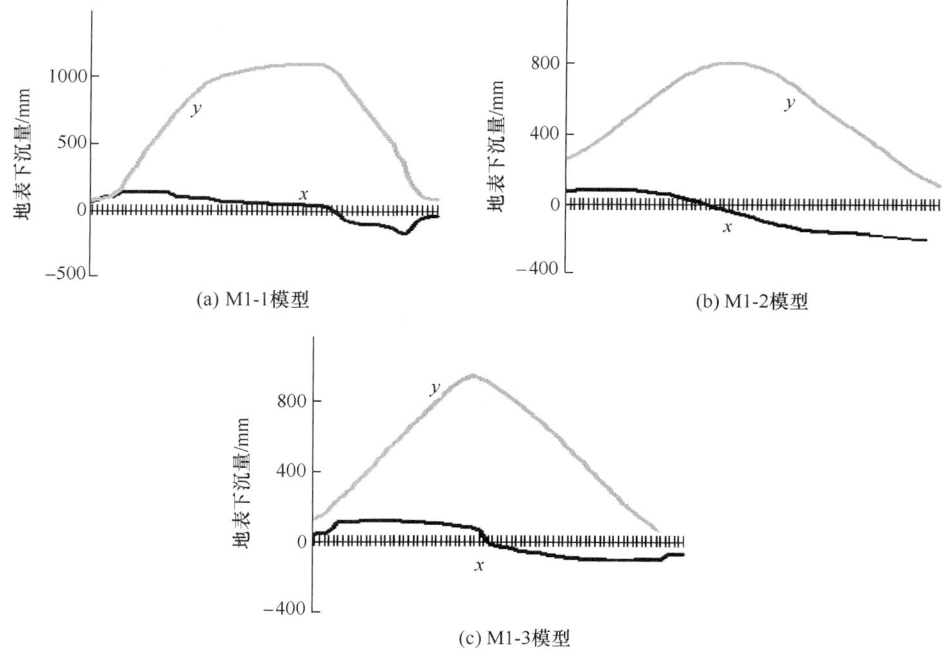

图 3.3 工作面推进 600m 时模型 M1 地表位移量对比图

x 为地表水平位移；y 为地表下沉

终采时(工作面推进到 600m)，三种模型覆岩均出现大规模的破坏情况，其中无关键层时，地表破坏情况最严重，关键层位于覆岩上部时地表破坏最轻，关键层位于覆岩下部时的地表破坏居于二者之间，如图 3.4 所示。M1-1 模型的下沉系数为 0.525，M1-2 模型的下沉系数为 0.42，关键层在构造介质上部和下部使下沉系数分别减少约 25%和 15%。

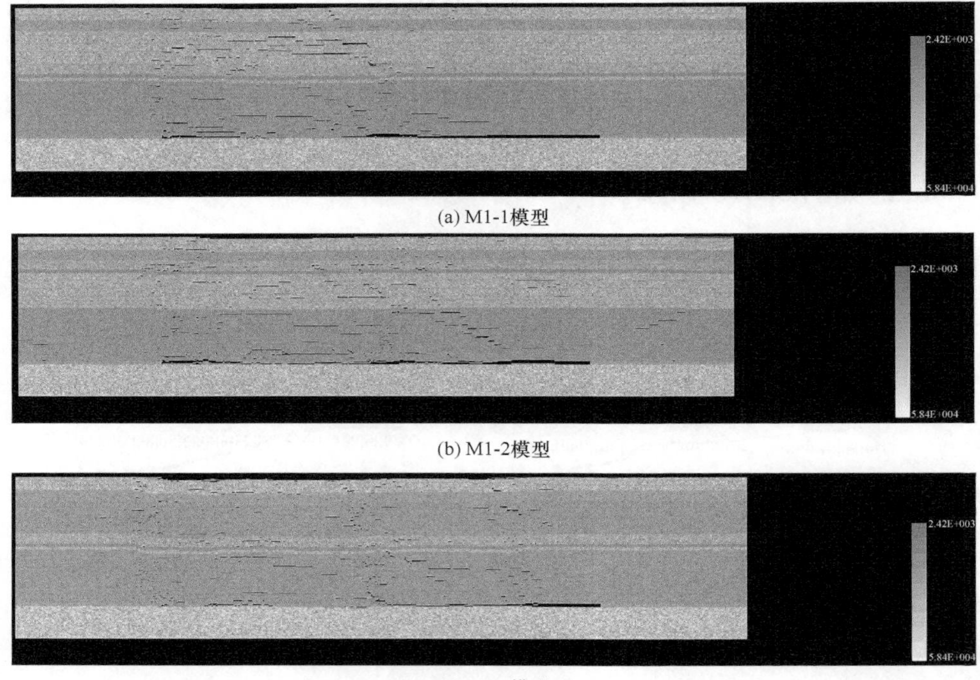

(a) M1-1模型

(b) M1-2模型

(c) M1-3模型

图 3.4　终采(600m)时模型的破坏对比图

3）试验结果

（1）没有关键层时，随着开采的进行，煤层顶板以及地表沉陷的规模比较大、煤层顶板跨落以及地表沉陷速度相对比较快。有关键层时，随着开采的进行，地表沉陷的规模比较小，煤层顶板跨落以及地表沉陷速度相对比较慢。

（2）当关键层在煤层构造介质上部时，工作面推进到 150m 时地表发生明显破坏；当关键层在构造介质下部时，工作面推进到 130m 时地表发生明显破坏；没有关键层时，这一距离减少到 100m。关键层位于覆岩上部，模型的开采损害起动距增大了 50%；关键层位于覆岩下部，模型的开采损害起动距增大了 30%。因此，关键层对地表沉陷具有明显的控制作用，且在覆岩上部时控制作用更加明显。

（3）当达到充分采动，即工作面推进到 600m 时，没有关键层时的地表沉陷相对更严重，关键层在上部和下部时地表沉陷大致相同。此时关键层部分失去对地表沉陷的控制作用，如图 3.4 所示。

(4) 关键层的存在对采煤沉陷具有缓解作用。关键层在构造介质上部和下部时，下沉系数分别减少约 25%和 15%。

3.2 构造形态对采煤沉陷的影响度

我国北方的大部分煤田，如果有褶皱构造发育，多表现为平缓褶皱（翼间角大于 120°）。对于一个工作面而言，如果跨越褶皱构造开采，只可能是地层倾角小于 20°（即褶皱翼间角大于 140°）的宽缓背斜或向斜。本书研究宽缓褶皱构造对采煤沉陷的影响度。

1) 建模

在研究褶皱构造对采煤沉陷灾变的控制作用时，应用 FLAC^{3D}软件建立了两个三维褶皱试验模型，即背斜模型 M2-1 和向斜模型 M2-2。为了对比褶皱构造对采煤沉陷的控制程度，建立了水平煤层的模型 M2-3。模型走向长度为 200m，倾向长度为 200m，开采深度为 63m，采厚 2m，共划分 12400 个单元，含 14112 个节点，见图 3.5。

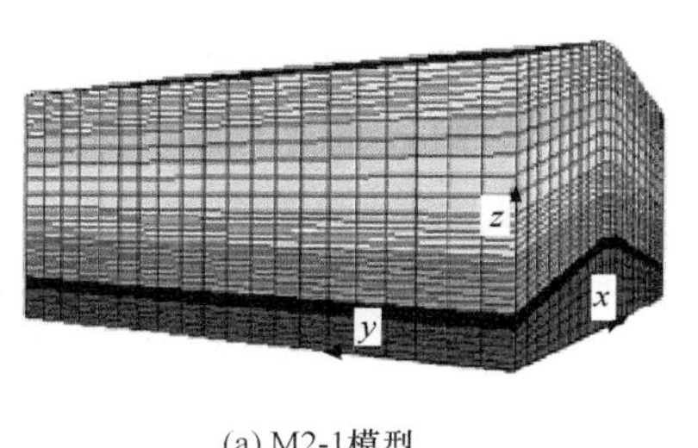

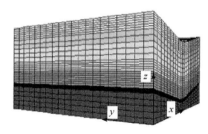

(a) M2-1模型

(b) M2-2模型

图 3.5 褶皱数值试验模型

为了使试验结果具有可比性，M2-1 和 M2-2 两种褶皱构造试验模型所依据的地层层序及其力学参数、模型几何尺寸及网格划分等完全相同，区别仅在于岩层弯曲方向的差异。建模所用力学参数见表 3.3。如果按照不考虑节理发育和构造应力的作用，构造介质下的下沉系数及最大下沉值计算结果如下。

覆岩综合普氏硬度 $Q \approx 5$，地表下沉系数 $\eta = 0.55$，最大下沉值为 $W_{max} = \eta \cdot h_c \cdot \cos\alpha = 0.55 \times 2000 \times 1 = 1100(mm)$。

表 3.3　覆岩及煤层物理力学参数

岩层	容重 /(kg/m³)	抗压强度 /MPa	弹性模量 /MPa	泊松比	内聚力 /MPa	内摩擦角 /(°)	厚度 /m
沙土	2031	0.14	20	0.40	0.025	20.0	2
粉砂岩	2436	40	4350	0.26	3.0	38.0	3
中砂岩	2358	52.52	5200	0.22	5.8	40.8	30
砂岩	2436	44.85	6500	0.21	7.9	35.0	27
泥岩	2249	19	4000	0.27	3.6	38.2	1
煤层	1337	14.5	2000	0.28	1.8	33.0	2
粉砂岩	2418	32.13	5000	0.23	7.0	40	20

为了研究翼间角与采煤沉陷之间的关系，通过改变模型 M2-1 和模型 M2-2 的翼间角，分别衍生出 4 个背斜模型，4 个向斜模型。翼间角为 140°～170°，相邻模型的翼间角相差 10°。当翼间角为 180°时，背斜和向斜同时演化成水平构造模型 M2-3。

模型左、右边界定为单约束边界，$u=0$、$v \neq 0$、$w \neq 0$（u 为 x 方向位移，v 为 y 方向位移，w 为 z 方向位移）；模型前、后边界定为单约束边界，$u \neq 0$、$v=0$、$w \neq 0$；模型底边界定为全约束边界，$u=0$、$v=0$、$w=0$；模型上边界定为自由边界，不予约束。破坏准则选用 Mohr-Coulomb 准则。

2）模拟开采试验

模拟走向长壁式采煤方法，工作面沿 y 轴方向推进，全部垮落法管理顶板。模拟开挖前首先对模型进行自平衡处理。

工作面沿煤层走向（y 轴方向）推进 120m 后，此时，模型开挖已经进入充分开采阶段。应用 Fish 语言程序，提取出倾向主断面地表下沉值，见表 3.4。

表 3.4 背、向斜构造采煤沉陷数值试验结果数据表

项目		向斜			水平			背斜		
		地表下沉量/mm			地表下沉量/mm			地表下沉量/mm		
距切割眼的距离/m	−40	−248	−238	−212	−202	−211	−216	−201	−158	−136
	−30	−257	−257	−233	−227	−235	−241	−216	−181	−158
	−20	−308	−292	−297	−288	−292	−294	−292	−259	−248
	−10	−422	−432	−400	−385	−381	−377	−383	−393	−394
	0	−559	−529	−529	−511	−502	−494	−496	−501	−498
	10	−699	−687	−671	−654	−645	−633	−634	−639	−636
	20	−824	−816	−807	−793	−788	−777	−780	−791	−793
	30	−918	−924	−921	−914	−914	−910	−921	−939	−949
	40	−979	−994	−1004	−1006	−1013	−1020	−1039	−1064	−1086
	50	−994	−1035	−1058	−1077	−1090	−1113	−1139	−1172	−1199
	60	−1003	−1037	−1064	−1078	−1095	−1115	−1142	−1176	−1206
	70	−996	−1036	−1059	−1078	−1090	−1115	−1140	−1173	−1202
	80	−977	−995	−1003	−1004	−1010	−1019	−1066	−1088	−1129
	90	−916	−922	−922	−913	−913	−911	−942	−955	−979
	100	−823	−817	−806	−791	−785	−779	−794	−799	−808
	110	−699	−687	−670	−653	−648	−634	−639	−641	−640
	120	−559	−545	−528	−512	−504	−494	−497	−499	−495
	130	−420	−411	−398	−386	−386	−377	−379	−386	−385
	140	−308	−305	−296	−287	−292	−294	−285	−253	−242
	150	−259	−268	−233	−227	−234	−241	−231	−188	−158
	160	−257	−253	−212	−204	−219	−231	−212	−158	−136
翼间角/(°)		140	150	160	170	180	170	160	150	140
起动距/m		15	17	20	22	25	27	30	32	35

分别对翼间角为 140°～170°的 4 个背斜和 4 个向斜构造模型进行模拟开采试验，发现在相同的地质采矿条件下，开采背斜构造模型时，采煤沉陷盆地的地表最大下沉值与背斜翼间角呈正相关关系，开采向斜构造模型时，采煤沉陷盆地的地表最大下沉值与向斜翼间角呈负相关关系，见图 3.6。

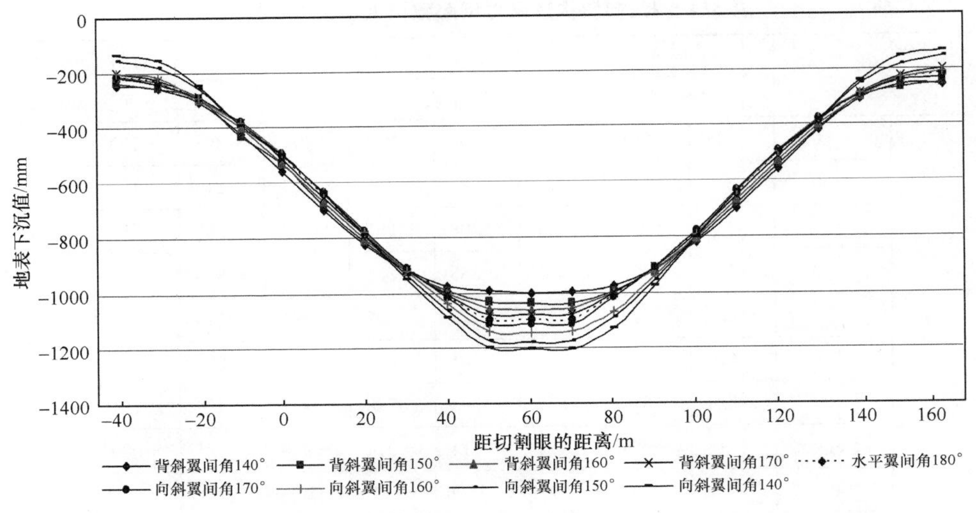

图 3.6　采煤沉陷盆地地表下沉曲线对比图

从图 3.6 和表 3.4 可知，开采背斜构造模型煤层时，随着翼间角的增大，地表下沉值逐渐增大，开采损害起动距减少；从各曲线的相对位置来看，翼间角为 140°的地表下沉曲线位于翼间角为 170°的地表下沉曲线外侧，说明翼间角越小，盆地范围越大。

开采向斜构造模型时，随着翼间角的增大，下沉值逐渐减小，开采损害起动距增大；从各曲线的相对位置来看，翼间角为 140°的地表下沉曲线位于翼间角为 170°的地表下沉曲线内侧，说明翼间角越小，盆地范围越小。

当背斜和向斜的翼间角逼近 180°时，背斜、向斜构造地表下沉曲线完全一致，可以作为对比基准。

3）试验结果

通过对水平煤层、向斜构造及背斜构造煤层模拟开采数值试验，发现在不同构造形态条件下形成的采动应力场及采煤沉陷空间分布特征有明显的区别。

向斜构造煤层开采诱发的地表下沉值最大、开采损害起动距最小；水平煤层开采时居中；背斜构造开采引起的地表下沉值最小、开采损害起动距最大。

从图3.6中各曲线的相对位置来看，背斜构造煤层开采形成的地表下沉盆地范围最大，水平煤层次之，向斜构造煤层开采形成的下沉盆地范围最小。

4）褶皱翼间角同采煤沉陷之间量化关系的建立

由表3.4中的数据整理出背斜模型、向斜模型及水平地层模型的下沉系数和翼间角之间的关系，见表3.5和图3.7。

表3.5　地表下沉系数与褶皱翼间角关系表

项目	背斜				水平	向斜			
翼间角/(°)	140	150	160	170	180	170	160	150	140
下沉系数	0.50	0.52	0.53	0.54	0.55	0.56	0.57	0.59	0.60
增减率/%	−5	−3	−2	−1	0	1	2	4	5

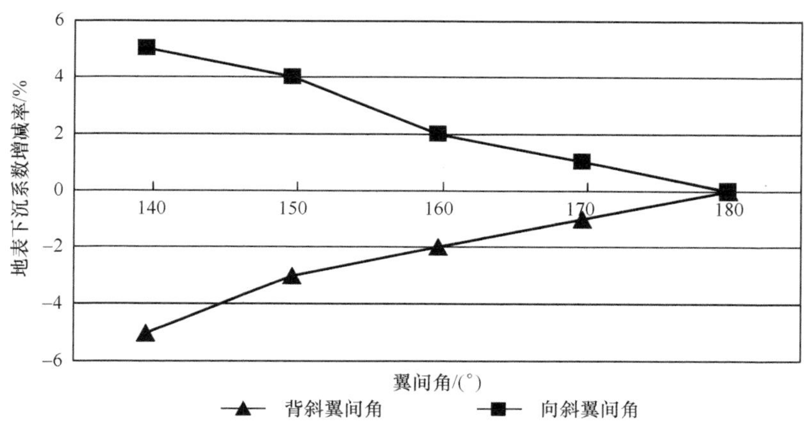

图3.7　地表下沉系数增减率与褶皱翼间角关系图

由图3.7可知，当翼间角从140°增加到180°时，对于背斜模型下沉系数总是减少。背斜翼间角与下沉系数减少率近于呈线性关系。一般翼间角每增大10°，下沉系数减少1%，开采损害起动距则增加8%；随着翼间角从140°增加到180°，向斜模型的下沉系数总是增大。向斜翼间角同下沉系数增加率近于呈线性关系，一般翼间角每增大10°，下沉系数增加1%左右，开采损害起动距则减少8%。

因此，通过在地表下沉系数前乘以一个调节系数δ，在开采损害起动距前乘以调节系数ϑ，表示褶皱构造对采煤沉陷灾变的影响。其中δ

的取值见式(3.1)，ϑ 的取值见式(3.2)：

$$\delta = 1 \pm (180 - \mathrm{YJJ}) \times 0.1\% \tag{3.1}$$

$$\vartheta = 1 \pm (\mathrm{YJJ} - 180) \times 0.8\% \tag{3.2}$$

式中，当褶皱为背斜时取“－”，为向斜时取“＋”；140≤YJJ≤180。

3.3　构造界面对采煤沉陷的影响度

煤层覆岩在构造应力作用下产生的地质不连续面(如节理、断层、劈理等)都是地质历史时期构造运动在构造介质中留下的烙印，从成因角度讲，均属于“构造界面”。节理是覆岩中发育最广泛的构造界面之一，能够改变岩体的变形破坏方式，影响岩体的稳定性。因此，节理对采煤沉陷具很强的控制作用。

节理与岩石一样，也是岩体的组成部分，区别仅是力学性质上的不同。尽管节理、断层等构造界面造成了岩层事实上的不连续，但构造界面的性质与空气介质一样，具有极低的弹模和强度。岩石破裂过程分析系统软件 $\mathrm{RFPA^{2D}}$ 允许用户在建模时加入断层单元，在模型参数的赋值中，对断层单元的力学性质进行弱化处理，从而可以用连续介质力学的方法处理非连续性问题。

1）建模

数值模拟软件 $\mathrm{RFPA^{2D}}$ 通过一个被称为“均质度”的参数，反映构成岩石的微元体之间力学性质的差异性程度。均质度越大，介质中微元体之间的力学性质越接近。因为节理发育程度最本质的特征是在岩体中形成力学强度明显弱化的“环节”。构造介质中的节理，可以认为是介质中力学性质(弹模、强度、泊松比等)非常差的“缺陷”微元体。所以，在节理发育程度模型中，通过调节均质度来模拟。模型尺寸及参数见表 3.6 和表 3.7。为了模拟节理发育程度对采煤沉陷的影响，构造节理发育程度低的模型 M3-1 和节理发育程度高的模型 M3-2。

表 3.6　构造界面模型尺寸

方向	实际尺寸/mm	模型尺寸/mm	单元个数	几何相似系数
x	372000	372000	372	1
y	124000	124000	124	1

表 3.7　构造界面模型参数

岩层	厚度/m	重力密度/(kN/m³)	抗压强度/MPa	弹性模量/MPa	内摩擦角/(°)	泊松比	普氏系数
黄土	60	14	14.1	430	20	0.15	0.8
粗砂岩	10	22	76.41	30000	38	0.22	8.0
泥岩	10	25	16.8	22000	30	0.27	2.0
中细砂岩	12	23	102.3	34000	41.5	0.21	10.0
砂质泥岩	10	25	47.8	28000	38	0.25	5.0
粉砂岩	10	24	26.9	26000	32	0.26	3.0
煤	3	13	16.67	2050	30	0.28	2.0
细砂岩	9	23	91.0	32000	40	0.22	9.0

(1) 模型 M3-1——节理不发育模型。模型 M3-1 的覆岩中主要发育有沉积岩的原生层状结构面，节理稀少，一般无断裂构造发育，称为层状连续介质模型。在模型 M3-1 中，覆岩的均质度设定为 20。

(2) 模型 M3-2——节理较发育模型。模型 M3-2 的覆岩没有断层，但岩层中节理、裂隙比较发育，所以该模型又可称为层状似连续介质模型。在模型 M3-2 中，覆岩的均质度设定为 3。

按照“三下”采煤规程计算，表 3.6 和表 3.7 中煤层覆岩综合普氏硬度约为 4，对应覆岩综合评价系数为 0.4，地表下沉系数为 0.65，地表最大下沉值为 1950mm。

为了对比节理发育程度对地表及岩体变形的程度，在应用 $RFPA^{2D}$ 软件进行数值试验时，模型 M3-1 与模型 M3-2 的覆岩性质和结构完全相同，区别仅在于模型的均质度不同，前者为 20，而后者为 3。为了使试验结果具有可比性，两个模型的物理参数、边界控制条件和开采条件也是完全相同的，详见表 3.8。

表 3.8　试验模型的模拟开采和控制条件

模拟开采	覆岩厚度/m	124
	开采厚度/m	3
控制条件	每步开采长度/m	5
	开采总步数/步	30
	位移约束	x 方向和 y 方向位移无约束
	强度准则	Mohr-Coulomb 准则
	平面应力/平面应变	平面应力

2）模拟开采试验

图 3.8 是模型 M3-1 与模型 M3-2 构造介质建立的模型（弹性模量图），图中明显反映出了两种不同的构造介质在“均质度”方面的区别。模型 M3-1 构造介质弹性模量的变化范围是 3040～37400MPa，模型 M3-2 构造介质弹性模量的变化范围是 258～62500MPa。

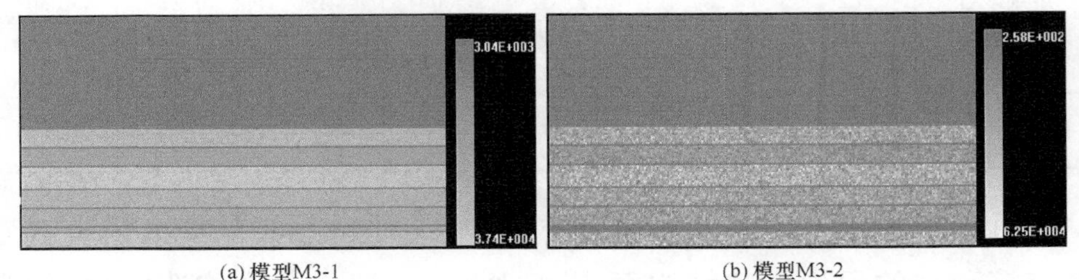

(a) 模型M3-1　　(b) 模型M3-2

图 3.8　构造介质弹性模量图

图 3.9 可见，节理不发育模型（M3-1）在开挖到第 10 步，即 50m 时，顶板中出现破裂；而当覆岩中节理发育时（M3-2），仅开挖到第 5 步，即 25m 时，顶板中就开始出现了较大能量的声发射。

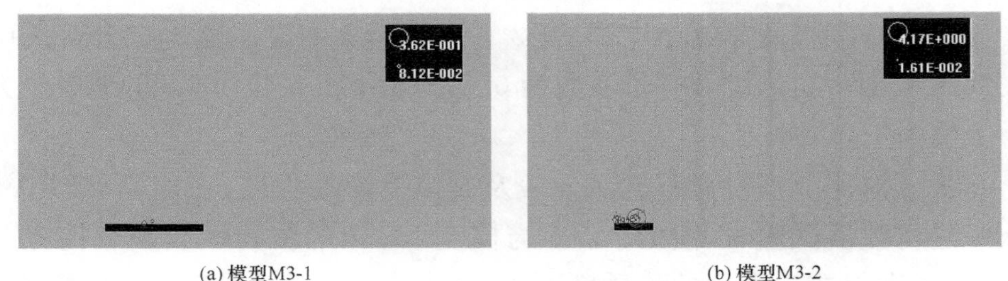

(a) 模型M3-1　　(b) 模型M3-2

图 3.9　初次破坏的声发射图对比

从图 3.10 可以发现，节理不发育模型（M3-1）在开挖到第 14 步，即 70m 时，覆岩冒落主要集中在采空区上方的软弱顶板部位；而当覆岩中节理发育时（M3-2），在开挖长度相同的情况下，不仅冒落范围更大，而且覆岩中的关键层（坚硬砂岩层）也开始出现了破裂。

在开挖到第 25 步时，工作面已向前推进了 125m。模型 M3-1 中的冒落还在逐步向上扩展，而模型 M3-2 构造介质则由于节理发育，裂隙带已经发展到了地表，且造成地表强烈破坏，如图 3.11 所示。

(a) 模型M3-1

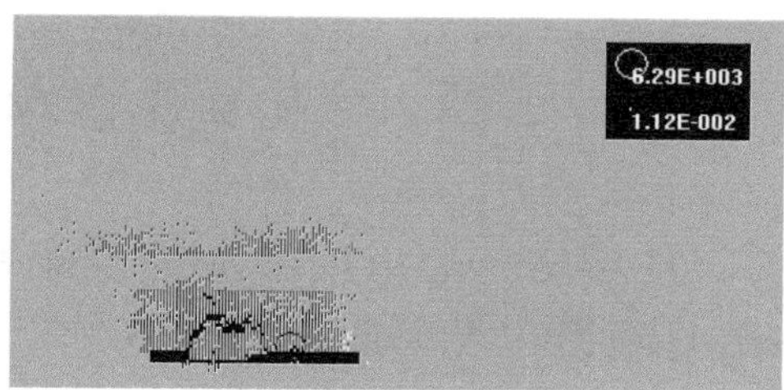

(b) 模型M3-2

图 3.10 开挖到 14 步时的声发射图对比

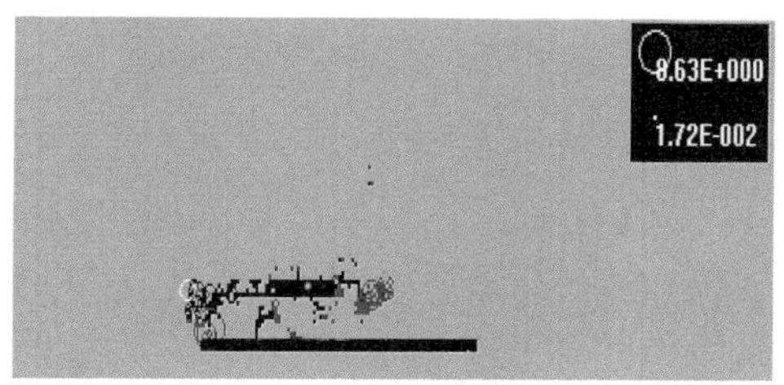

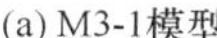
(a) M3-1模型

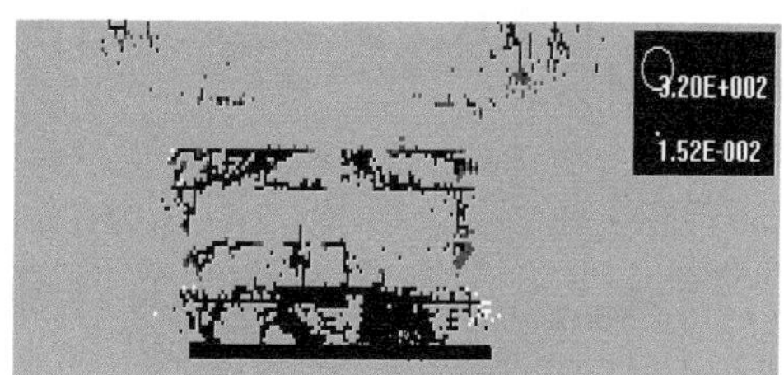

(b) M3-2模型

图 3.11 开挖到 25 步时的声发射图对比

由图 3.11 可知，模型 M3-1 当开挖到第 30 步时，工作面推进距离为 150m，地表开始出现明显的下沉；模型 M3-2 当开挖到第 24 步时，工作面推进距离为 120m，地表开始出现明显的下沉。终采时，模型 M3-1 地表下沉 1900mm，模型 M3-2 地表下沉 2200mm。

根据数值试验结果，将上述两种构造界面的采煤沉陷特征归纳为表 3.9。

表 3.9 连续介质与似连续介质采煤沉陷特征对比

构造介质理论模型代号	最终地表下沉值/mm	覆岩不同程度的破坏发生时工作面的长度/m		
		首次声发射	关键层破坏	地表损害
M3-1	1900	50	130	150（破坏达到地表）
M3-2	2200	25	70	120（地表强烈破坏）

3）试验结果

由表 3.9 可知，节理破坏了岩层的连续性，改变了岩层的力学性质，从而加剧了采煤沉陷。在本试验条件下，节理使下沉系数增加近 15%，开采损害起动距减少 25%。

3.4　构造应力对采煤沉陷的影响度

地球是一个高度活动的动态系统。构造应力广泛存在于地球浅部，是地表在人为地质作用下发生变形的动力学背景。构造应力反映了目前煤矿区构造动力学的状态，是采煤沉陷影响的动态地质因素，必然会对采煤沉陷产生不可忽视的影响。

3.4.1　构造应力型采煤沉陷数值模拟

1）建模

根据区域地质构造应力场的特征，将煤矿区划分为挤压构造应力环境地区和拉张构造应力环境地区，分别建立模型，模型参数同 M1 模型。

（1）挤压应力模型。挤压构造应力模型记为 M4-1。在建立该模型时，除了考虑覆岩的自重应力以外，还要在 x 方向（侧向）施加一定强度的挤压应力。

（2）拉张应力模型。拉张构造应力模型记为 M4-2。在该模型建立时，除了考虑覆岩的自重应力以外，还要在 x 方向（侧向）施加一定强度的拉张应力。

（3）自重应力模型。自重应力模型记为 M4-3。只考虑覆岩的自重应力，不考虑挤压构造应力和拉张构造应力。

为了具有可比性，模型 M4-1、M4-2、M4-3 的构造介质和构造界面采用同样的物理模型。模型 M4-1 和 M4-2 分别施加 0.1MPa（约为 50％的覆岩自重应力）的挤压构造应力和拉张构造应力。计算模型网格划分见图 3.12。

2）模拟开采试验

在模拟开挖 M4-1 的过程中，当工作面推进 50m 时，地表无明显移动变形，此时地表最大下沉量约为 4mm；当工作面推进到 100m 时，地表出现明显沉降，此时地表最大下沉值为 8mm；当工作面推进到 200m 时，地表最大下沉值为 157mm；终采时，地表下沉量为 855mm。在模拟

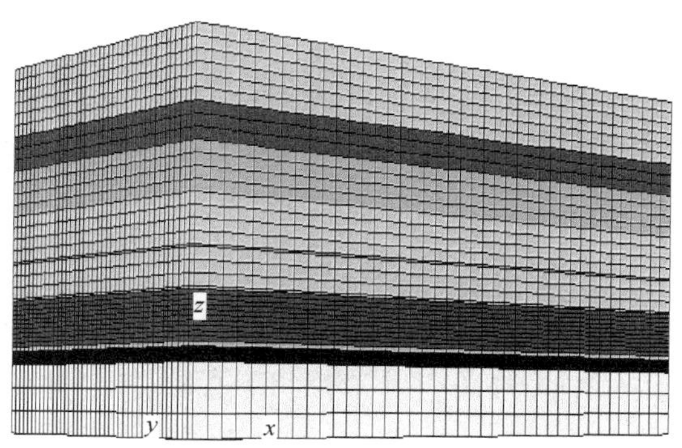

图 3.12　计算模型网格化分示意图

开挖 M4-2 的过程中，当工作面推进 50m 时，地表出现明显沉降，此时地表最大下沉量为 10mm；当工作面推进到 100m 时，地表最大下沉值为 44mm；当工作面推进到 200m 时，地表最大下沉值为 600mm；终采时，地表下沉量为 1442mm。在模拟开挖 M4-3 的过程中，当工作面推进 50m 时，地表出现沉降不明显，此时地表最大下沉量为 6mm；当工作面推进到 100m 时，地表出现明显沉降，地表最大下沉值为 10mm；当工作面推进到 200m 时，地表最大下沉值为 215mm；终采时，地表下沉量为 1050mm。数值模拟试验数据见表 3.10。

表 3.10　构造应力采煤沉陷数值试验结果数据表

项目		M4-1 地表下沉/mm	M4-2 地表下沉/mm	M4-3 地表下沉/mm
距切割眼的距离/m	50	4	10	6
	100	8	44	10
	200	157	600	215
	300	430	978	637
	400	622	1153	878
	500	850	1440	1050
	600	855	1442	1050
开采损害起动距/m		125	80	100

3）试验结果

由以上试验过程可以得出如下结论。

（1）在其他地质采矿条件相同的条件下，挤压构造应力环境中的开采损害起动距为125m，在拉张构造应力环境中的开采损害起动距为80m，在自重应力条件下的开采损害起动距为100m。终采时，在挤压构造应力条件下的地表下沉盆地的最大值为855mm，在拉张构造应力条件下的相应值为1442mm，自重应力条件下的对应值为1050mm；在挤压构造应力场作用下，采煤沉陷的影响范围最小，在拉张构造应力条件下的相应值最大，自重应力条件下的对应值居中。所以，挤压构造应力具有控制采煤沉陷的作用。与不考虑构造应力相比，拉张应力使地表下沉增加了37％，开采损害起动距减少20％，挤压应力使地表下沉减少了19％，开采损害起动距增加25％。

（2）目前广泛采用的岩层移动和采煤沉陷规律是在不考虑构造应力的情况下总结出来的，而实际上煤矿区都处于一定的地质构造应力场中。因此，用现有的岩层和地表移动预计方法对覆岩及地表移动进行计算，其结果必将与实际情况存在较大的差异。所以构造应力是控制煤矿区采煤沉陷的一个不容忽视的因素。

3.4.2　构造应力型采煤沉陷相似材料模拟

本试验的目的一是模拟在侧向挤压构造应力和自重应力作用下的采煤沉陷特征，二是验证3.4.1小节中数值试验的可靠性。为此设计了两架相似材料模型，一架为模拟挤压构造应力环境，另一架模拟自重应力环境。为了简化操作，本次试验只模拟水平煤层在两种不同应力场中的情况。

1）相似材料模拟试验模型的设计

（1）挤压构造应力场的模拟。相似材料装架完成后，通过构造应力加力装置施加试验所需的应力，使地层模型在侧向受到均布载荷，以模拟挤压构造应力场。同时，模型也受到铅直方向上的重力作用。

（2）自重应力场的模拟。相似材料装架完成后，让模型只受铅直方向上的重力作用，以模拟自重应力场。

（3）不同应力条件下试验的可比性。由于条件的限制，本次试验分两次进行。为了使不同应力场对采煤沉陷影响的试验结果具有可比性，本次试验的两架模型装架人员不变，操作过程不变，地层结构不变，对应地层的材料配比和重量不变，材料的湿度和模型的干燥程度也基本相同。

2）试验材料

以河砂为骨料，以石膏为胶结物，以大白粉为填料，用不同配比模拟地层中的软弱、中硬和坚硬岩层。通过在装架过程中切缝模拟节理，用白云母片模拟各岩层之间的层理面，左右两侧施加适量的水平挤压力模拟挤压构造应力。

岩层物理力学参数取自陕北某矿钻孔实测岩石力学数据，具体见表 3.11。采用的几何相似比为 1∶100。模拟煤岩的相似材料配方、配比的选择及用量见表 3.12，模型尺寸及开采条件见表 3.13。其中 $1^{-2上}$煤和 $1^{-2下}$煤为煤线，开采 2^{-2}煤。

表 3.11　模拟岩层主要物理力学参数表

序号	地层系统	岩层名称	原岩主要物理参数				
			岩层厚度/m	抗压强度/MPa	内聚力/MPa	内摩擦角/(°)	弹性模量/×10⁴ MPa
1	第四系	风积沙	16				
2		离石黄土	14	0.139	0.07	30.2	0.0021
3	中侏罗系直罗组	粉砂岩	18	32.13	7.07	38.8	0.415
4		粗砂岩	22	49.5	3.72	44.7	0.431
5		粉砂岩	20	40.78	7.25	38.5	0.421
6	中下侏罗系延安组	$1^{-2上}$煤	1	14.82	2.32	40.1	0.229
7		细砂岩	16	58.3	9.15	37	1.55
8		$1^{-2下}$煤	1	14.82	2.4	40	0.23
9		中砂岩	14	28.89	4.65	40.9	0.626
10		细砂岩	2	49.85	4.07	39.8	1.1
11		2^{-2}煤	4	14.49	2.63	39.9	0.15
12		细砂岩	10	71.5	5.77	38.8	2.48

表 3.12 模拟煤岩相似材料配方配比的选择及用量

序号	地层系统	岩层名称	配比	河砂/kg	大白粉/kg	石膏/kg	厚度/cm
1	第四系	风积沙	64	—	—	—	16
2		离石黄土	46	—	—	—	14
3	中侏罗系直罗组	粉砂岩	828	101.55	10.16	2.54	18
4		粗砂岩	728	148.76	17.02	4.25	22
5		粉砂岩	837	137.425	12.01	5.15	20
6	中下侏罗系延安组	$1^{-2上}$煤	—	—	—	—	1
7		细砂岩	737	106.3	10.83	4.63	16
8		$1^{-2下}$煤	—	—	—	—	1
9		中砂岩	828	130.51	13.05	3.3	14
10		细砂岩	728	11.4	1.3	0.33	2
11		2^{-2}煤	—	—	—	—	4
12		细砂岩	746	58.8	5.04	3.36	10

注：① 煤层的配比为煤粉∶河砂∶石膏∶大白粉＝26∶1∶5∶15；风积砂的配比为河砂∶黄土＝6∶4；离石黄土的配比为河砂∶黄土＝4∶6；用水量为干料总重的10%。

② 配比说明。例如，728，设某层的质量为10份，第一位“7”表示河砂质量为7份；第二位“2”表示石膏的质量占剩下的3份中的20%即0.6份；第三位“8”表示大白粉的质量占剩下的3份中的80%，即2.4份。

表 3.13 模型尺寸及开采条件

项目	横向长度	垂向高度	覆岩厚度	煤层底板	煤柱宽度	煤层开采厚度
实际尺寸/m	210	140	124	6	10	4
模型尺寸/mm	2100	1400	1240	60	100	40
地层倾角/(°)	0	—	—	—	—	—
开采速度	2m/次(试验中为20mm/次)					

3）相似材料模拟试验过程

(1) 挤压构造应力场中的采煤沉陷模拟试验。根据我国埋深在500m以内地层的地应力测量资料，最大($\sigma_{h,\max}$)、最小($\sigma_{h,\min}$)水平主应力与垂直应力的比值随深度而变化的规律分别(梁天书等，2007)为

$$\frac{\sigma_{h,\max}}{\sigma_v}=\frac{150}{h}+1.4 \tag{3.3}$$

$$\frac{\sigma_{h,\min}}{\sigma_v}=\frac{128}{h}+0.5 \tag{3.4}$$

$$\overline{\sigma_h}=\frac{\sigma_{h,\min}+\sigma_{h,\max}}{2} \tag{3.5}$$

通过计算，覆岩的自重应力 $\sigma_z=2.83\text{MPa}$，2^{-2}煤埋深 124m。本次试验主要对比分析挤压构造应力对采煤沉陷的影响，因此代入式(3.3)计算出应施加水平应力 $\sigma_x=7.66\text{MPa}$，通过应力相似常数计算得到实际施加的相似模拟的应力值为 $\sigma_x=0.051\text{MPa}$。本次试验挤压构造应力的施加方法是通过加力装置施加侧向水平力。

装架后放置 24h，待材料基本黏结后，拆除封板并在两侧加压，如图 3.13 所示。通风 15 天后，模型已经晾干，开始进行开挖试验。开切眼 2cm，然后按每步 2cm 的速度自左向右开挖。

图 3.13　挤压构造应力作用下采煤沉陷模拟初始状态

在距离模型架左边界 50cm 处开切眼，当工作面推进到 47cm 时，关键层初次垮落，顶板垮落角为 52°，对应地表下沉 20mm，垮落区上边沿长度为 43cm，此时在离垮落区上边沿 1.5cm 处，出现离层裂缝，如图 3.14 所示。当工作面推进到 56cm 时，关键层发生第二次破断，顶板垮落角为 50°，对应地表下沉 35mm。岩层的离层裂缝继续向地表方向发展。当工作面推进到 76cm 时，关键层发生第三次垮落，对应地表下沉 70mm，顶板垮落角 50°。当工作面推进到 86cm 时，关键层第四次破断，对应地表下沉 90mm，顶板垮落角为 55°。当工作面推进到 96cm 时，关键层第五次破断，对应地表下沉 175mm，顶板垮落角为 55°。当工作面推进到 128cm 时，关键层发生第六次破断，对应地表下沉 245mm，顶板垮落角为 52°。随着工作面的继续推进，离层继续向地表方向发展。当开挖长度达到 138cm 时，终采，关键层第七次破断，对应地表下沉 380mm，顶板垮落角为 48°。此时观测地表变形发现，地表变形幅度不大，无明显开裂等破坏现象发生。

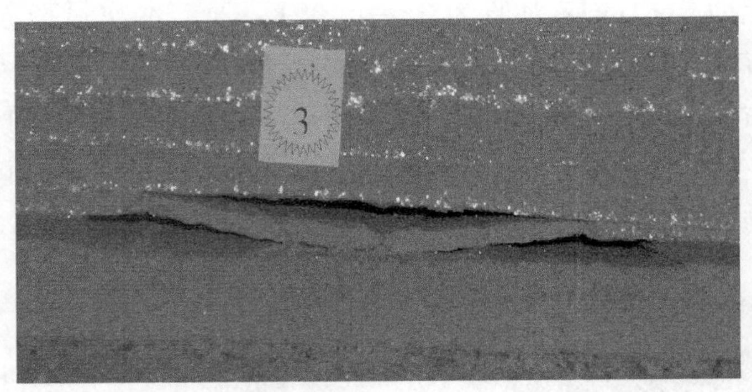

图 3.14　煤层顶板第一次垮落

(2) 自重应力场中的采煤沉陷模拟试验。自重力场中的采煤沉陷模拟试验与挤压构造应力场中的采煤沉陷模拟试验，其地层模型和主要技术参数相同，唯一的区别在于所受应力场不同其初始状态如图 3.15 所示。装架后放置 24h，待材料基本黏结后，移开加力装置。通风 15 天后，模型已经晾干，开始进行开挖试验。在距离模型架左边界 50cm 处开切眼，然后按每步 2cm 的速度自左向右开挖。

当工作面推进到 34cm 时，关键层初次破断，顶板垮落角为 70°，对应地表下沉 30mm，垮落区上边界长度为 27cm，此时在离垮落区上边沿 4cm 处，出现离层裂缝。工作面推进到 46cm 时，关键层再次发生垮落现象，对应地表下沉 60mm，发育三处明显离层裂隙。当工作面推进到 58cm 时，关键层第三次大面积垮落，对应地表下沉 150mm。当工作面推进到 70cm 时，关键层发生大面积的垮落，对应地表下沉 280mm。工作面推进到 82cm，关键层出现第五次破断，对应地表下沉 475mm，离层裂隙继续向上发展(图 3.16)。当工作面推进到 94cm 时，关键层出现第

图 3.15　自重应力作用下采煤沉陷模拟初始状态

六次大面积垮落，对应地表下沉 530mm，顶板垮落角为 67°，离层裂隙继续向上发展。当工作面推进到 106cm 时，关键层出现第七次破断，对应地表下沉 660mm，裂隙最大高度距煤层顶板 56.0cm。当工作面推进到 118cm 时，关键层出现第八次破断，对应地表下沉 740mm，裂隙最大高度距煤层顶板 61.0cm。当工作面推进到 138cm 时，关键层出现第九次破断，出现大规模的垮落现象，对应地表下沉 990mm。当工作面推进 138cm 时终采，覆岩没有再发生垮落现象，但是裂隙继续向上发展。地表下沉 1160mm，顶板垮落角为 65°(图 3.17)。

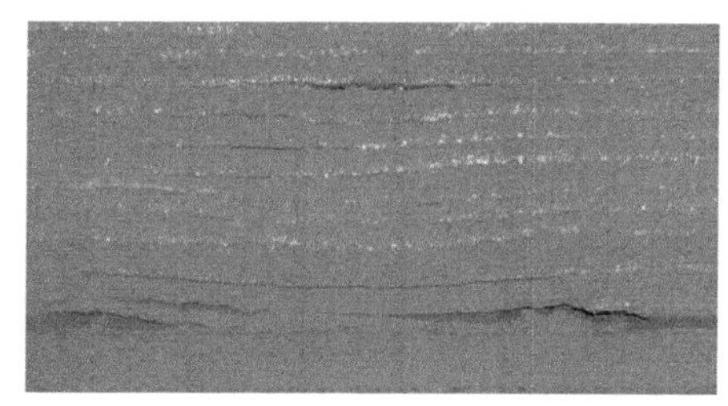

图 3.16　煤层顶板离层变形向上发展

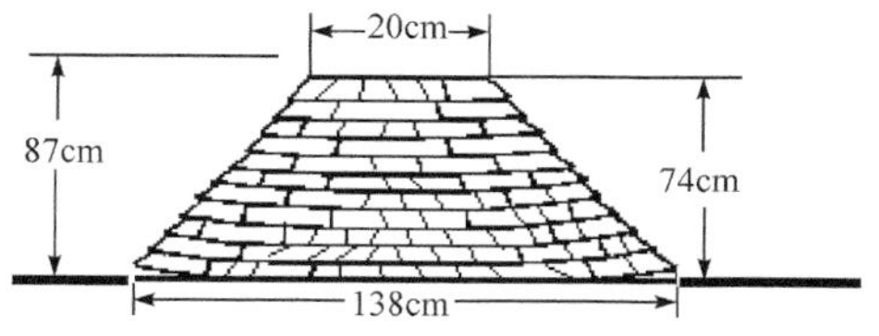

图 3.17　煤层覆岩最终变形示意图

4）相似材料模拟试验结果

在两种不同的应力场中，采煤沉陷的特点有明显的区别。表 3.14 对两种不同应力场作用下的采煤沉陷相似材料模拟试验结果进行了对比。从中可以得到以下结论：在挤压构造应力条件下，煤层覆岩移动破坏出现较晚，顶板垮落频率小，地表移动变形的范围小，地表最终变形不明显；处于自重应力条件下的开采损害起动距出现较早，顶板垮落频率较大，裂隙带高度发育较高，地表移动变形的范围大，地表下沉幅度大。挤压构造应力环境下的下沉系数减缓近 45%，开采损害起动距增加 30%。构造应力对采煤沉陷的影响度与数值模拟的结果有一定差距，其原因是施加的挤压构造应力是不同的，数值模拟施加的构造应力为自重应力的 50%，而相似材料模拟施加的构造应力为自重应力的 2.7 倍。因此，从另一个方面证明了挤压构造应力具有减缓采煤沉陷的作用，这一点和数值模拟的结果是一致的。所以，构造应力对采煤沉陷的影响是不容忽视的，特别是在高构造应力区，更应该引起高度重视。

表 3.14　相似材料模拟试验主要结果一览表

顶板垮落	挤压构造应力场			自重应力场		
	工作面推进长度/cm	两带高度/cm	垮落角/(°)	工作面推进长度/cm	两带高度/cm	垮落角/(°)
第一次	47	1.5	52	34	4.0	70
第二次	56	3.0	50	46	4.5	68
第三次	76	5.5	50	58	11	—
第四次	86	7.5	55	70	21	72
第五次	96	15.0	55	82	36	70
第六次	128	21.0	52	94	40	67
第七次	138(终采)	33.0	48	106	50	—
第八次	—	—	—	118	55	68
第九次	—	—	—	138(终采)	74	65
采动损害起动距/m	62			40		
地表最终下沉值/m	0.63			1.16		

3.5　影响采煤沉陷灾变的主要构造因素

采煤沉陷灾变不仅受地质因素的影响，也受采矿因素的作用。由于上覆岩土体的地质情况十分复杂，有必要选出对采煤沉陷起主要影响和控制作用的因素而忽略次要因素。影响采煤沉陷灾变的地质因素可以归纳为构造环境,包括构造介质、构造界面、构造形态和构造应力 4 个因素;而采矿因素则主要包括工作面长度、采空区面积、煤柱留设、开采深度和开采厚度、开采速度及顶板管理方法等。

目前,在国内外众多学者和专家的不懈努力下,对于不确定性因素影响问题的研究有较大发展,取得了丰富的成果,如专家评价法、层次分析法、模糊综合评价法、神经网络法等。这些评价方法评价效果的优劣主要取决于指标选择及权重分配的科学性以及综合计算中对应关系的合理性(杨扬等,2008),其中模糊层次分析法在评价指标的定性、定量处理方面较为成熟。本节以铜川矿区王石凹煤矿为例,采用模糊层次分析法对采煤沉陷灾变的影响因素进行定量评价。

根据王石凹煤矿特定的地质采矿条件,按照模糊层次分析法的基本步骤编制成计算程序,建立如图 3.18 所示的煤矿采煤沉陷影响因素递阶层次结构模型。

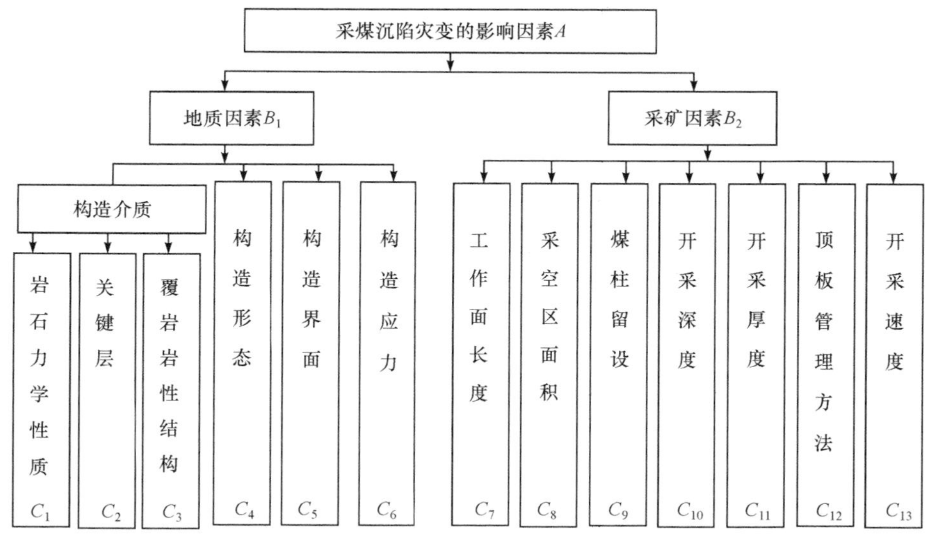

图 3.18 王石凹煤矿采煤沉陷影响因素递阶层次结构

根据图 3.18,建立优先判断矩阵 $\boldsymbol{A}$-$\boldsymbol{B}$、$\boldsymbol{B}_1$-$\boldsymbol{C}$、$\boldsymbol{B}_2$-$\boldsymbol{C}$。在建立 $\boldsymbol{A}$-$\boldsymbol{B}$ 判断矩阵时,认为王石凹煤矿的地质因素相对采矿因素对采煤沉陷非线

性特征的“贡献”大，取值为 1。所以，$\boldsymbol{B}$ 的判断矩阵为 $\begin{bmatrix} 0.5 & 1 \\ 0 & 0.5 \end{bmatrix}$。

$\boldsymbol{B}_1$-$\boldsymbol{C}$ 的判断矩阵为

$$\begin{bmatrix} 0.5 & 0.0 & 1.0 & 1.0 & 0.5 & 1.0 \\ 1.0 & 0.5 & 1.0 & 1.0 & 0.5 & 1.0 \\ 0.0 & 0.0 & 0.5 & 0.0 & 0.5 & 1.0 \\ 0.0 & 0.0 & 1.0 & 0.5 & 0.0 & 0.0 \\ 0.5 & 0.5 & 0.5 & 1.0 & 0.5 & 0.0 \\ 0.0 & 0.0 & 0.0 & 1.0 & 1.0 & 0.5 \end{bmatrix} \tag{3.6}$$

$\boldsymbol{B}_2$-$\boldsymbol{C}$ 的判断矩阵为

$$\begin{bmatrix} 0.5 & 1.0 & 1.0 & 1.0 & 1.0 & 1.0 & 1.0 \\ 0.0 & 0.5 & 0.5 & 0.0 & 0.0 & 0.0 & 1.0 \\ 0.0 & 0.5 & 0.5 & 0.5 & 0.0 & 0.5 & 0.5 \\ 0.0 & 1.0 & 0.5 & 0.5 & 0.0 & 0.5 & 1.0 \\ 0.0 & 1.0 & 1.0 & 1.0 & 0.5 & 1.0 & 1.0 \\ 0.0 & 1.0 & 0.5 & 0.5 & 0.0 & 0.5 & 0.5 \\ 0.0 & 0.0 & 0.5 & 0.0 & 0.0 & 0.5 & 0.5 \end{bmatrix} \tag{3.7}$$

$\boldsymbol{B}_1$-$\boldsymbol{C}$ 矩阵的模糊一致判断矩阵为

$$\boldsymbol{R}_{ij}^{1} = \begin{bmatrix} 0.500000 & 0.416667 & 0.666667 & 0.708333 & 0.583333 & 0.625000 \\ 0.583333 & 0.500000 & 0.750000 & 0.791667 & 0.666667 & 0.708333 \\ 0.333333 & 0.250000 & 0.500000 & 0.541667 & 0.416667 & 0.458333 \\ 0.291667 & 0.208333 & 0.458333 & 0.500000 & 0.375000 & 0.416667 \\ 0.416667 & 0.333333 & 0.583333 & 0.625000 & 0.500000 & 0.541667 \end{bmatrix} \tag{3.8}$$

求得式(3.8)的排序权向量为

$$\boldsymbol{w}^{\mathrm{T}} = [0.200000, 0.233333, 0.133333, 0.116667, 0.166667, 0.150000]^{\mathrm{T}} \tag{3.9}$$

式(3.8)的互反判断矩阵为

$$
\boldsymbol{E}_{ij}^{1}=\begin{bmatrix}
1.000000 & 0.714286 & 2.000000 & 2.428571 & 1.400000 & 1.666667\\
1.400000 & 1.000000 & 3.000000 & 3.800000 & 2.000000 & 2.428571\\
0.500000 & 0.333333 & 1.000000 & 1.181818 & 0.714286 & 0.846154\\
0.411765 & 0.263158 & 0.846154 & 1.000000 & 0.600000 & 0.714286\\
0.714286 & 0.500000 & 1.400000 & 1.666667 & 1.000000 & 1.181818\\
0.600000 & 0.411765 & 1.181818 & 1.400000 & 0.846154 & 1.000000
\end{bmatrix}
\tag{3.10}
$$

利用幂法迭代进行精度计算，迭代精度为 0.0001，迭代次数为 4 次，结果为

$$
\boldsymbol{w}^{\mathrm{T}}=[0.214606,0.312895,0.106214,0.088338,0.151068,0.126879]^{\mathrm{T}}
\tag{3.11}
$$

$\boldsymbol{B}_2$-$\boldsymbol{C}$ 矩阵的模糊一致判断矩阵为

$$
\boldsymbol{R}_{ij}^{2}=\begin{bmatrix}
0.500000 & 0.821429 & 0.785714 & 0.714286 & 0.571429 & 0.750000 & 0.857143\\
0.178571 & 0.500000 & 0.464286 & 0.392857 & 0.250000 & 0.428571 & 0.535714\\
0.214286 & 0.535714 & 0.500000 & 0.428571 & 0.285714 & 0.464286 & 0.571429\\
0.285714 & 0.607143 & 0.571429 & 0.500000 & 0.357143 & 0.537143 & 0.642857\\
0.428571 & 0.750000 & 0.714286 & 0.642857 & 0.500000 & 0.678571 & 0.785814\\
0.250000 & 0.571429 & 0.535714 & 0.464286 & 0.321429 & 0.500000 & 0.607143\\
0.142857 & 0.464286 & 0.428571 & 0.357143 & 0.214286 & 0.392857 & 0.500000
\end{bmatrix}
\tag{3.12}
$$

求得式(3.12)的排序权向量为

$$
\boldsymbol{w}^{\mathrm{T}}=[0.214286,0.107143,0.119048,0.142857,0.190476,0.130952,0.095238]^{\mathrm{T}}
\tag{3.13}
$$

式(3.12)的互反判断矩阵为

$$
\boldsymbol{E}_{ij}^{2}=\begin{bmatrix}
1.000000 & 4.600000 & 3.666667 & 2.500000 & 1.333333 & 3.000000 & 6.000000\\
0.217391 & 1.000000 & 0.866667 & 0.647059 & 0.333333 & 0.750000 & 1.153846\\
0.272727 & 1.153846 & 1.000000 & 0.750000 & 0.400000 & 0.866667 & 1.333333\\
0.400000 & 1.515155 & 1.333333 & 1.000000 & 0.555556 & 1.153846 & 1.800000\\
0.750000 & 3.000000 & 2.500000 & 1.800000 & 1.000000 & 2.111111 & 3.666667\\
0.333333 & 1.333333 & 1.153846 & 0.866667 & 0.473684 & 1.000000 & 1.515155\\
0.166667 & 0.866667 & 0.750000 & 0.555556 & 0.272727 & 0.647059 & 1.000000
\end{bmatrix}
\tag{3.14}
$$

利用幂法迭代进行精度计算，迭代精度为 0.0001，迭代次数为 5 次，结果为

$$\boldsymbol{w}^{\mathrm{T}}=[0.325541,0.074894,0.088023,0.120018,0.225364,0.102928,0.063232]^{\mathrm{T}} \tag{3.15}$$

通过上述计算，各类、各项影响因素指标的两级权重分配如表 3.15 所示。

表 3.15　因素权重分配表

各类、各项因素指标编号		分支层权重分配	单因素对目标层权重	基本层权重分配
B_1	C_1	0.214606	0.160955	0.75
	C_2	0.312895	0.234671	
	C_3	0.106214	0.079661	
	C_4	0.088338	0.066254	
	C_5	0.151068	0.113301	
	C_6	0.126879	0.095159	
B_2	C_7	0.325541	0.081385	0.25
	C_8	0.074894	0.018724	
	C_9	0.088023	0.022006	
	C_{10}	0.120018	0.030005	
	C_{11}	0.225364	0.056341	
	C_{12}	0.102928	0.025732	
	C_{13}	0.063232	0.015808	

通过计算，王石凹煤矿采煤沉陷各个影响因素的影响权重分别为：岩石物理力学性质为 0.1609545、关键层为 0.23467125、构造介质的岩性结构为 0.0796605、构造形态为 0.0662535、构造界面为 0.113301、构造应力为 0.09515925、工作面长度为 0.08138525、采空区面积为 0.0187235、煤柱留设为 0.02200575、开采深度为 0.0300045、开采厚度为 0.056341、顶板管理方法为 0.025732、开采速度为 0.015808。

由表 3.15 可知，王石凹煤矿采煤沉陷的主控因素为构造介质(关键层、岩石物理力学性质二者合计 0.395626)、构造界面、构造应力、工作面长度、构造形态和开采厚度。构造环境要素的影响度排序为构造介质、构造界面、构造应力和构造形态。因此，影响铜川矿区王石凹煤矿的主要构造因素为构造介质、构造界面和构造应力。

3.6　本章小结

本章通过建立单一构造环境要素与采煤沉陷关系的数值试验模型，分析了构造环境要素对采煤沉陷的影响度。在此基础上，采用模糊层次分析法筛选出影响采煤沉陷灾变的主要因素，得出如下结论：

(1) 构造介质中的关键层对采煤沉陷具有强烈的控制作用，它使采煤沉陷的规模减少，沉陷速度减慢。当关键层在构造介质上部时，对采煤沉陷灾变的控制作用尤为明显。与没有关键层相比，关键层位于构造介质上部和下部分别使下沉系数减少约 25%和 15%，分别使开采损害起动距增加 50%和 30%。

(2) 开采背斜构造煤层可相对缓解地表移动变形。随着背斜翼间角的增大，地表最大下沉值增大，而下沉盆地的影响范围则减少，开采损害起动距也相应减少；开采向斜构造煤层可相对加剧地表移动变形，随着向斜翼间角的增大，地表最大下沉值减少，而下沉盆地的影响范围则增大，开采损害起动距也相应增大。通过在地表下沉系数前乘以一个调节系数 δ、在开采损害起动距前乘以调节系数 ϑ，表示褶皱构造对采煤沉陷的影响度。其中 $\delta=1\pm(180-\mathrm{YJJ})\times0.1\%$，$\vartheta=1\pm(\mathrm{YJJ}-180)\times0.8\%$，式中，当褶皱为背斜时取“－”，为向斜时取“＋”，$140\leqslant\mathrm{YJJ}\leqslant180$。

(3) 构造界面如节理破坏了岩体的连续性，使岩体的力学性质降低，加剧采煤沉陷。在本试验条件下，节理使下沉系数加剧近 13%，开采损害起动距减少 25%。

(4) 构造应力具有控制采煤沉陷的作用。与不考虑构造应力相比，拉张构造应力使地表下沉增加了 37%，开采损害起动距减少了 20%；挤压构造应力使地表下沉减少了 19%，开采损害起动距增加了 25%。

(5) 以铜川矿区王石凹煤矿为例，采用模糊层次分析法得出了该矿采煤沉陷灾变的主控因素是构造介质、构造界面、构造应力、工作面长度、构造形态和开采厚度。构造环境要素对采煤沉陷的影响度由大到小依次为构造介质、构造界面、构造应力和构造形态。影响铜川矿区王石凹煤矿的主要构造因素为构造介质、构造界面和构造应力。

4 铜川矿区构造环境类型及其与采煤沉陷灾变的关系

铜川矿区是我国西部重要的煤炭生产基地，素有“渭北黑腰带上的明珠”的美称。矿区煤炭资源丰富，开采历史悠久。20 世纪 50 年代就已成为陕西省重要的能源生产基地。因采煤沉陷诱发的地质灾害频繁发生，导致生态环境急剧恶化。区内采煤沉陷区面积达 70.69km^2，可见地裂缝有 5400 余条，中等规模以上的滑坡达 1000 多处。实践表明，铜川矿区采煤沉陷灾变与其特殊的构造环境有密切的关系。本章根据铜川矿区实际赋存的地质情况，对其进行构造环境分类，然后研究铜川矿区主要构造环境类型与采煤沉陷灾变之间的量化关系，为采煤沉陷灾变预警奠定基础。

4.1 煤矿区构造环境划分依据

构造控灾机理研究表明，由于各煤矿区构造环境差别明显，相同的开采强度下的采煤沉陷具有不同的特征。因此，要提高采煤沉陷预计精度，有必要对煤矿区构造环境进行分类。本节讨论对煤矿区构造环境分类的依据。

1）主采煤层赋存深度和覆岩综合硬度

煤层埋深小于 200m 时，采煤沉陷呈现出非连续变化特征，地表移动变形速度快，明显有别于埋深大于 200m 的采煤沉陷特征。因此，以主采煤层埋藏深度 200m 为界，把埋深小于 200m 的煤层覆岩称为浅埋介质，埋深大于 200m 的称为深埋介质。

在开采沉陷研究中，常用的岩石分类方法是苏联的普罗多吉亚柯诺夫于 1926 年提出的普氏分类法，其分类指标是

$$\delta=\frac{R_{压}}{1000} \tag{4.1}$$

式中，δ 为普氏系数，又称为岩石硬度系数；$R_{压}$ 为岩石的单向抗压强度（N/cm^2）。

以岩石硬度系数为依据，“三下”采煤规程定义了覆岩的综合普氏硬度：

$$Q=\frac{\sum_{1}^{n} m_i\delta_i}{\sum_{1}^{n} m_i} \tag{4.2}$$

式中，Q 为覆岩综合普氏硬度；m_i 为覆岩 i 分层的法线厚度（m）；δ_i 为覆岩 i 分层的岩性评价系数或称为岩层的硬度系数；n 为覆岩分层数。

参照“三下”采煤规程，根据覆岩综合普氏硬度，将覆岩划分为坚硬（$Q\geqslant 6$）、中硬（$6>Q>3$）、软弱（$Q\leqslant 3$）三种类型，见表 4.1。

表 4.1 分层岩性普氏系数及构造环境类型划分

构造介质	单向抗压强度/MPa	岩石名称	δ	Q
坚硬型	≥90	很硬的砂岩、石灰岩和黏土页岩、石英矿脉、很硬的铁矿石、致密花岗岩、角闪岩、辉绿岩、硬的石灰岩、硬砂岩、硬大理岩、不硬的花岗岩	≥9.0	≥6
	80		8.0	
	70		7.0	
	60		6.0	
中硬型	50	较硬的石灰岩、砂岩和大理岩、普通砂岩、铁矿石、砂质页岩、片状砂岩、硬黏土质片岩、不硬的砂岩和石灰岩、软砾岩	5.0	3～6
	40		4.0	
软弱型	30	各种页岩（不坚硬的）、致密泥灰岩、软页岩、很软的石灰岩、无烟煤、破碎页岩、硬烟煤、硬化黏土、硬表土、致密黏土、软烟煤、软砂质黏土、黄土、砾石、腐殖土、泥煤、软砂质黏土、砂、岩屑、采下的煤	3.0	≤3
	20		2.0	
	15		1.5	
	10		1.0	
	8		0.8	
	6		0.6	
	5		0.5	

根据覆岩中各岩层力学性质的不同，将深埋介质和浅埋介质又进一步划分为软弱型、中硬型和坚硬型。其中，坚硬浅埋介质型构造环境对地表的影响大致相当于软弱深埋介质型构造环境，所以可以把坚硬浅埋型看作向深埋介质型的过渡类型。

因此，根据煤矿区主采煤层赋存深度和覆岩综合硬度将构造环境划分为浅埋介质型、深埋介质型。一般将煤层埋深在200m以内的构造环境划为浅埋介质型，埋深在200m以上的构造环境划为深埋介质型。

2）覆岩中断裂、劈理等构造界面的发育程度

构造界面是长期地质作用过程的产物，是地质结构面或地质界面的重要类型之一，又称为构造结构面。断裂面是含煤地层中常见的构造界面，构造地质学中根据断裂面两侧的岩体有无明显的位移把断裂构造划分为断层和节理。其中发生明显位移的为断层，没有明显位移的为节理。在煤田中，一般不存在变质结构面，也很少见到火成结构面，基岩强风化层一般纳入载荷层的范畴，所以构造结构面是主采煤层上覆岩、土体中地质结构面的主体。由于构造结构面将覆岩切割成了大小不同、形状各异的岩块（结构体），所以构造结构面是在岩体内部占主导地位的结构面。

构造界面的规模有大有小，因而其对采煤沉陷的影响程度各不相同。在煤矿区，规模较大的断层，虽然常常被作为井田或采区的边界，而且留设有断层煤柱，但它们破坏了煤层覆岩的连续性，在采动影响下往往表现出块裂介质大变形特征。在工作面开采范围内，最常见的是中小型的构造结构面，它们对覆岩力学强度和采煤沉陷特征产生不容忽略的影响，是本书重点研究的构造界面。

根据构造界面对采区覆岩破坏程度的不同，把构造环境划分为不连续型、似连续型和连续型。其中，不连续型多为切穿或切过覆岩关键层的断层；似连续型主要是节理或小型断层，对关键层力学性质造成较大影响；连续型一般只发育较少的节理，对关键层力学性质的影响较小。按构造界面对构造环境的分类及特征见表4.2。

表 4.2 按构造界面对构造环境进行分类及各类型的特征

构造环境类型	分类依据	力学效应	力学属性	地质构造特征
不连续型	延展长度从十几米至几十米，切过或切穿关键层	(1) 参与块裂岩体切割，切穿关键层 (2) 划分岩体结构类型的基本依据 (3) 构成次级地应力场边界	多数属坚硬结构面，少数属软弱结构面	不夹泥的大节理或断层、开裂的层面等
似连续型	延展几米至十几米，未错动，有的呈弱结合状态	(1) 划分岩体结构类型的基本依据 (2) 岩体力学性质、结构效应的基础 (3) 有的为次级地应力场边界 (4) 切割关键层，但是没有切穿	一般为硬性结构面	小断层、节理、劈理、层面等
连续型	结构面小，关键层连续性较好	(1) 岩体内形成应力集中 (2) 岩块力学性质结构效应的基础	硬性结构面	小节理、隐节理、层面、片理面等

3) 煤矿区所处的不同构造应力场

拉张和挤压是煤矿区最常见的两种构造应力，且以水平应力为主。我国现代构造应力场的格局明显受制于周边板块的动力学作用。谢富仁等(2003)根据区域构造应力状态，将我国分为东部构造应力区(A)和西部构造应力区(B)两大区块，见图 4.1。中国东部构造应力区又可进一步细分为东北应力区(A_{11})、华北应力区(A_{12})和华南应力区(A_{20})；中国西部构造应力区也可进一步细分为新疆应力区(B_{10})、青藏高原北部及东北边缘应力区(B_{21})、青藏高原南部应力区(B_{22})和喜马拉雅应力区(B_{23})(谢富仁等，2003)。

我国煤矿区主要位于华北应力区(A_{12})、东北应力区(A_{11})、华南应力区(A_{20})和新疆应力区(B_{10})。主要煤炭生产基地所在应力区的构造应力特征见表 4.3(丁国瑜等，1991)。

华北应力区位于阴山山脉北缘至延吉一线以南，贺兰山—六盘山西麓以东，秦岭—大别山古板块缝合带及清江断裂以北。范围包括山西省的全部，甘肃省、宁夏回族自治区的东部，内蒙古自治区、辽宁省、吉

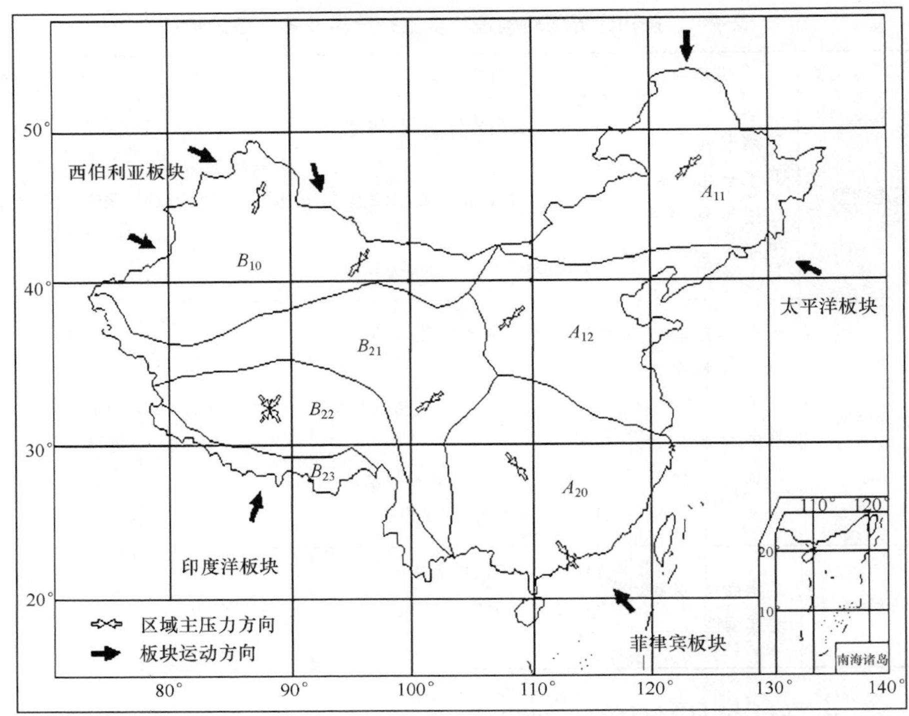

图 4.1 中国现代构造应力场分区图(改绘自谢富仁等,2003)

林省的南部,陕西省、河南省、河北省、山东省的大部,以及苏北、皖北等地区。

华北地区现代构造应力-应变场的特点,总体上是第四纪以来应力-应变场的继续。根据地震资料分析,本区构造应力场总体上呈北东东-南西西方向挤压,最大和最小应力轴水平,中等应力轴垂直。这种应力场一方面与华北东侧太平洋板块向西侧大陆下的俯冲挤压有关,另一方面与青藏高原向北东和北东东方向的推挤有关。从始新世至早中新世,日本海、四国-帕雷塞贝加盆地和南海由弧后扩张而成。由于此时太平洋板块的俯冲速度较慢,不仅引起弧后扩张,而且在大陆一侧发生北西或北北西向的强烈引张。接近现代,由于太平洋板块俯冲运动速率加快,使弧后一侧的引张应力场逐渐被北东东向的挤压所取代,但在华北的北西向引张仍在继续,这可能与冲绳海槽的引张边界条件有关,也有地幔上隆和印度板块与欧亚板块碰撞后继续向北推进所产生的影响。

表 4.3 中国主要煤矿区现代构造应力区划表

应力区	主要力源	应力场特征	应力张量结构	活动强度	主要煤矿区
东北应力区（A_{11}）	太平洋板块向西俯冲的作用、青藏块体向北运移、华南块体相对向北西西方向运动产生的联合作用力	主压应力方向为北东至北东东	以走滑为主，兼有正断层	中弱	胜利矿区、白音华矿区、扎赉诺矿区、霍林河矿区、宝日希勒矿区、伊敏矿区、鸡西矿区、鹤岗矿区
华北应力区（A_{12}）		主压应力方向以北东至北北东方向为主，华北西部为北东，东部及邻近海域地区为北东东	应力结构比较复杂，大部分地区以走滑型应力结构为主，局部地区（如山西地震带和鄂尔多斯周边地区）以正断型为主	强烈	邯郸邢台矿区、淮南矿区、淮北矿区、枣滕矿区、巨野矿区、黄河北矿区、平顶山矿区、东胜矿区、神府新民矿区、大同矿区、平朔朔南矿区、河保偏矿区、柳林矿区、离石矿区、乡宁矿区、西山古交矿区、沁源矿区、霍州矿区、晋城矿区、潞安矿区
华南应力区（A_{20}）	菲律宾板块向北西西方向俯冲和青藏块体向东南方向运移的联合作用	主压应力方向为北西至南东	构造应力张量结构类型为逆断或逆走滑	中强	登封郑州矿区、古叙矿区、筠连矿区、盘县矿区、水城矿区、织纳矿区、黔北矿区、恩洪庆云矿区、老厂矿区
新疆应力区（B_{10}）	青藏块体向北推挤	主压应力方向以南北向为主	构造应力张量结构类型以逆断型为主	十分强烈	乌鲁木齐矿区
青藏高原北部及东北边缘应力区（B_{21}）	印度板块的直接碰撞	主应力方向变化较大，在青藏高原北部地区主压应力方向为北北东，从青藏高原北东到南东，主压应力方向由北东、北北东、近东西、南东转为南南东	现代构造应力张量以走滑型为主要特征	十分强烈	灵武鸳鸯湖矿区

东北应力区位于狼山以东，阴山山脉北缘—延吉南一线以北，包括黑龙江省的全部、吉林省和内蒙古自治区的大部，以及辽宁和河北两省北缘部分地区。地貌上包括内蒙古高原以及大兴安岭、小兴安岭，并包括长白山及位于其间的三江平原和松辽平原。东北应力区现代构造应力场的格局表现为北西—南东向拉张，北东—南西向挤压，郯庐断裂带以西相对向北东方向平移。

华南应力区位于我国东南部，秦岭—大别山古板块缝合带以南，龙门山叠瓦冲断带及洱海—红河走滑断裂系以东。

由于华南应力区位于现代欧亚板块东南缘，因而不同程度地受到冲绳海槽扩张力、西沙海槽扩张力，以及菲律宾海板块挤压力和青藏高原剧烈抬升派生的侧压力影响。目前，冲绳海槽和西沙海槽正处于扩张阶段。受其影响，东海及其以西的江苏、浙江沿海地区受到北西方向的挤压，海南省、桂西僮族自治区、广东省沿海受到向北的挤压。但由于扩张速率不大，挤压力较小，不会向陆内传递很远。菲律宾海板块正以 70～80mm/a 的速率向北西方向推挤，因此挤压力非常大。但台湾纵谷断裂带的逆冲走滑活动和欧亚板块前缘缩短、抬升、加厚、断裂运动，以及新生代沉积物压实等已消耗掉大部分挤压应力，加之东南沿海地区发育的大量北东—北北东向断裂对构造力的阻隔、分散作用，以及年轻陆壳吸收力的能力强、传递力的能力差等原因，由东南沿海传递到大陆内部的挤压力已经不是很强。至于青藏高原在印度板块挤压作用下强烈隆起的同时向华南应力区西部边界派生的南东东-南南东向侧压力，大部分已被横断山脉构造带消耗，同时红河断裂带、龙门山断裂带也起到一定分散应力的作用。所以当其传递到华南应力区内部时已非常有限。

新疆应力区是指昆仑山—西秦岭古板块缝合带以北，贺兰山—六盘山西麓以西的广大西北地区，包括新疆维吾尔自治区的全部、甘肃省和青海省的大部以及宁夏回族自治区和内蒙古自治区西部的部分地区。

新疆应力区现代构造应力场以北北西方向的水平挤压为主，力的来源主要是印度板块向北的推挤力和西伯利亚稳定块体向南的挤压力。

印度板块北进的力在新疆应力区西南部最强，向北渐弱，对天山以北影响较小；西伯利亚块体向南运动和挤压对新疆应力区施加的力则主要作用在天山以北，对天山及其以南地区的影响较小。

我国煤矿区构造应力场主要受其所在区域的大地构造背景控制。一般来说，位于华北和东北应力区的煤矿区，大多表现为拉张应力状态；新疆应力区的矿区，表现为以强烈挤压为特征的构造应力场；而位于华南应力区的煤矿区，应力状态比较复杂，差异较大。

最大水平主应力与构造应力之间存在如下关系（朱焕春等，2001）：

$$\sigma = Kh + T \tag{4.3}$$

式中，σ 为最大水平主应力；K 为自重应力系数，反映了岩体自重应力，$K \geqslant \frac{\mu}{1-\mu}\gamma$，$\mu$ 为岩石的泊松比，γ 为岩石的密度，一般取 $\mu = 0.25 \sim 0.30$，$\gamma = 27\text{kN/m}^3$，因此，K 的数值为 0.009～0.0116；T 值反映了构造应力作用。而根据从学术期刊检索到的我国部分煤矿区地应力的实测数据，总结出我国部分煤矿区最大水平主应力与垂向应力之间的比值在 0.95～4.55 之间变化，峰值为 1.5～2.5。

当覆岩处于挤压构造应力环境时，挤压构造应力与自重应力的比值小于 1.5 时为弱挤压构造应力环境，1.5～2.5 为中等挤压构造应力环境，大于 2.5 为强挤压构造应力环境。当覆岩处于拉张构造应力环境时，挤压构造应力与自重应力的比值小于 0.01 时为弱拉张构造应力环境，0.01～0.1 为中等拉张构造应力环境，大于 0.1 为强拉张构造应力环境。

如果不考虑构造应力的作用，则采场只受自重应力的作用。因此按照煤矿区所处的构造应力场的不同，将煤矿区构造环境划分为自重应力型、挤压构造型和拉张构造型。

4）含煤地层发育的形态

构造形态是构造应力对构造介质作用后的表现，如形成近水平、倾斜和褶皱等。根据岩层倾角不同将构造环境划分近水平型（$\alpha \leqslant 15°$）和倾斜型（$\alpha > 15°$）。而倾斜型又可以划分为缓倾斜型（$15° < \alpha \leqslant 35°$）、中

倾斜型(35°$<\alpha\leqslant$55°)和急倾斜型($\alpha\geqslant$55°)。煤矿区开采褶皱构造形态的煤层，一般是宽缓的，即翼间角大于140°，两翼的倾角对应小于20°。依据褶皱翼间角的不同，将构造环境划分为宽缓背斜型和宽缓向斜型。

因此，依据构造形态的不同，可将构造环境划分为近水平型($\alpha\leqslant$15°)、倾斜型($\alpha>$15°)和褶皱型。

构造环境分类依据及分类方案见表4.4，每种类型后面的字母及数字是类型的代号。

表4.4 单因素构造环境分类方案

<table>
<tr><th>划分依据</th><th colspan="6">构造环境类型</th></tr>
<tr><td rowspan="2">构造介质M</td><td colspan="3">浅埋介质型M1</td><td colspan="3">深埋介质型M2</td></tr>
<tr><td>软弱型M11</td><td>中硬型M12</td><td>坚硬型M13</td><td>软弱型M21</td><td>中硬型M22</td><td>坚硬型M23</td></tr>
<tr><td>构造界面P</td><td>不连续型P1</td><td colspan="2">似连续型P2</td><td colspan="3">连续型P3</td></tr>
<tr><td>构造应力T</td><td>挤压构造应力型T1</td><td colspan="2">自重应力型T2</td><td colspan="3">拉张构造应力型T3</td></tr>
<tr><td rowspan="2">构造形态S</td><td rowspan="2">近水平型S1</td><td colspan="3">倾斜型S2</td><td colspan="2">褶皱型S3</td></tr>
<tr><td>缓倾斜型S21</td><td>中倾斜型S22</td><td>急倾斜型S23</td><td>宽缓背斜型S31</td><td>宽缓向斜型S32</td></tr>
</table>

4.2 铜川矿区地质概况及煤层赋存条件

铜川矿区(不包括属于铜川矿务局管辖的焦坪店头侏罗纪煤矿区)地处陕西省中部铜川市境内，位于渭北石炭二叠纪煤田西部。东邻蒲白矿区，西达耀县西，南以煤层露头为界，北至杜康沟逆断层和枣庙急倾斜带。东西长约42km，南北宽约6km，含煤面积284.1km^2。目前正在生产的矿井有5个，自东向西分别是东坡煤矿、鸭口煤矿、徐家沟煤矿、金华山煤矿和王石凹煤矿。

4.2.1 地层与煤层

铜川矿区属于渭北石炭二叠纪煤田，矿区地层自下而上有古生界的奥陶系、石炭系和二叠系，中生界的三叠系以及新生界的古近-新近系和第四系(表4.5)。

表 4.5　铜川矿区地层简表

界	系	统	群组	符号	厚度/m	岩性描述
新生界	第四系	更新统	—	Q	0～300	黄土或河流冲积物
	古近-新近	上新统	—	N_2	5～30	棕红色泥岩或砂质泥岩
中生界	三叠系	中下统	—	T_{1+2}	760	紫色粉砂岩、泥岩及砂岩
古生界	二叠系	上统	石千峰组	P_2^2	260	紫红色粉砂岩、泥岩及砂岩
			上石盒子组	P_2^1	120	灰绿色砂泥岩及粉砂岩互层
		下统	下石盒子组	P_1^2	60～80	灰色砂、粉砂岩及泥岩互层
			山西组	P_1^1	40～50	砂、泥岩互层，夹可采煤层
	石炭系	上统	太原组	C_{3t}	10～25	泥岩为主，夹主要可采煤层
	奥陶系	中下统	马家沟组	O_{1+2}	327	灰白色厚层状石灰岩

奥陶系为一套海相碳酸盐岩沉积，广泛出露于矿区南部，是煤系地层的基底。该地层自下而上又可分为马家沟组、峰峰组、平凉组、背锅山组，总厚 845～1500m。

石炭系上统太原组为一套灰、灰黑色海陆交互相含煤地层，由石英砂岩、粉砂岩、砂质泥岩、泥岩、石灰岩、泥质灰岩及煤层组成，厚度为 4～95m，一般为 10～25m。煤层自上而下编号为 5～10。其中，5# 和 10# 煤层分别为铜川矿区东部和西部主采开采煤层。10# 煤层主要分布于金华山井田及其以西地区，其余零星分布，局部可采，厚度为 0.6～6.6m，一般为 1.5m。5# 煤层分布于王石凹井田以东，厚度为 0～6.89m，一般为 3m 左右，分布稳定，但结构较复杂，含夹矸 0～5 层，一般为 2 层。金华山井田东部分岔为 5-1、5-2 两个煤分层，徐家沟井田内两个分层均可采，以东 5-2 煤为主采煤层，一般厚度为 1.4～4.0m，平均厚度为 2.3m。

二叠系由山西组、下石盒子组、上石盒子组和石千峰组组成。

下统山西组为区内次要含煤地层，由灰黑、灰色砂岩、粉砂岩、砂质泥岩、泥岩及煤层组成。底部砂岩层面上白云母片富集，为标志层，一般厚 40～50m。含 1#、2#、3# 煤层，除 3# 煤层局部可采外，其余均不可采。

下统下石盒子组由灰白、灰黑色砂岩、粉砂岩、砂质泥岩、泥岩组成，下部夹黑色泥岩或煤线，顶部灰紫杂色泥岩及 1～2 层层状或豆状菱铁矿结核岩，一般厚60～80m。

上统上石盒子组，下段由黄绿、紫红、深灰色砂质泥岩和粗砂岩组成，上段以灰白色含砾中粒砂岩为主，夹紫杂色粉砂岩、砂质泥岩，一般厚 120m。

上统石千峰组，下段以灰绿、灰白色巨厚中细粒长石石英砂岩为主，夹泥岩及粉砂岩。上段为紫色泥岩夹粉砂岩、砂质泥岩及石膏层，一般厚 260m。

三叠系由下统刘家沟组、和尚沟组和中统纸坊组组成。岩性以紫色粉砂岩、泥岩及砂岩为主，总厚度在 700m 以上。

古近-新近系在区内零星分布，岩性为砖红色、棕红色黏土，含碳酸盐、铁锰质结核，底部为砂岩或砂砾岩，厚 5～30m。

第四系以夹砖红色古土壤的黄土为主，顶部多为腐殖土及耕植土，底部有石块、沙、砾等。河床、沟谷及山坡上有冲积、洪积、淤积、坡积物，厚 0～300m。

在东坡、鸭口、徐家沟、金华山、王石凹等现生产矿井范围内，一般没有三叠系和古近-新近系地层保存。开采煤层上覆岩系主要由第四系、二叠系和石炭系顶部地层组成。

4.2.2　水文地质特征

矿区地面河流主要有漆水河及庞河。漆水河属渭河水系，为矿区的主要河流；庞河属洛河水系，位于矿区的东部。一般河流流量不大。地下水含水层主要有第四系松散层孔隙水和基岩裂隙水。矿区地处旱塬，气候干燥少雨；山区丘陵地带沟谷纵横，泄水条件良好，降水很快沿沟谷流走。松散层含水性较弱，煤层覆岩中的地下水以基岩裂隙水为主，水文地质条件简单。

4.2.3　构造特征

铜川矿区位于鄂尔多斯地台南缘，构造体系处于祁、吕、贺山字形构造东翼前弧的内侧。铜川区属于渭北挠褶带中段、渭河地堑北侧，总体上为一个向北西缓倾的单斜构造，倾角为 5°～15°。铜川矿区构造主要形成于古生代以来，其发展演化大体分为三个阶段：古生代-中生代初受南北向挤压，形成近东西向构造；晚三叠世-古新世受北西—南东向挤压，形成北东向构造；始新世以来受北北西—南南东向拉张，形成伸展构造。目前，第三个构造发展时期仍在继续，主要向北西和南东方向扩张。构造线方向多呈近东西向及北东向，前者构成矿区Ⅰ级构造，后者构成Ⅱ、Ⅲ构造，且以箱状褶皱为主，主要断裂构造有陈炉正断层、董家河正断层、枣庙逆断层、杜康沟逆断层、广阳正断层等。受矿区Ⅰ级构造的控制，各矿井中、小断层发育。

4.3 铜川矿区构造环境主要类型

铜川矿区煤层倾角为5～15°，因此属于近水平构造形态。铜川矿区在古生代-中生代初受南北向挤压，进入晚三叠世-古新世后受到北西—南东向挤压，进入始新世以来则受到北北西—南南东向拉张，形成伸展构造。总体来看，铜川矿区目前主要受到拉张构造应力的影响。在4.1节中制定了构造环境分类的依据，然而不能全面反映矿区所处的构造环境。本节通过对构造环境的交叉组合，筛选出符合4.2节中铜川矿区实际地质赋存情况的构造类型，从而得出铜川矿区的主要构造类型如下。

1）深埋似连续介质型

主采煤层埋深大于200m，煤层倾角小于15°，覆岩发育有较多的节理和小型正断层。

王石凹煤矿2103工作面主采煤层埋深400m，其中表土层厚50m，基岩厚350m，煤层倾角为5°。井田整体受到北北西—南南东向拉张，形成北东—南西走向的节理和小型正断层。另外，铜川矿区金华山煤矿和徐家沟煤矿的大部分工作面和王石凹煤矿煤层埋藏条件类似。因此，铜川矿区大部分煤矿是深埋似连续介质型构造环境，是该区最常见的一种构造类型，记为A型。

2）深埋不连续介质型

主采煤层埋深大于200m，煤层倾角小于15°，覆岩发育有较多的张扭性断层，如正断层和平移断层等。

鸭口煤矿的 618 工作面煤层埋深为 370m，其中黄土厚 130m，基岩厚 240m，煤层倾角为 10°。636 工作面煤层埋深为 356m，其中黄土厚 86m，基岩厚 270m，煤层倾角为 8°。鸭口井田曾经历过多期次构造应力作用，尤其是燕山期的挤压应力与喜山期的引张应力，使煤层断层力学性质较为复杂，并呈现出多期性特点。在早期构造应力场环境下，煤层断层主要表现为压型与压扭力性质。在区域挤压应力背景消失后，受后期拉张应力环境的影响，早期形成的断层又向张性和张剪性演变，现今大多数断层主要表现为张性和张剪性质，采区正断层十分发育，切割了关键层。因此，该煤矿大部分工作面是深埋不连续介质型构造环境，记为 B 型。

3）浅埋不连续介质型

主采煤层埋深小于 200m，煤层倾角在 15°以内，覆岩发育有较多的张扭性断层，如正断层和平移断层等。

东坡煤矿 508 工作面的覆岩总厚度为 180m，上部湿陷性黄土厚度 103m，基岩厚度 77m，煤层倾角为 7°。鸭口矿 905 工作面覆岩总厚度 182m，其中黄土厚度 110m，基岩层厚度为 72m，煤层倾角为 9°。在这两个工作面中发现了一系列正断层，且落差较大，对覆岩影响较大，化为浅埋不连续介质型构造环境，记为 C 型。

综上所述，根据铜川矿区煤层赋存的特征，将矿区构造类型划分为三种构造环境类型，分别是深埋似连续介质型构造环境（A 型）、深埋不连续介质型构造环境（B 型）和浅埋不连续介质型构造环境（C 型）。其中以 A 型构造环境为主。

4.4 深埋似连续介质型构造环境与采煤沉陷之间的量化关系

节理是地壳上部岩石中发育最广泛的一种断裂构造（徐开礼等，1989）。岩石经过漫长的地质历史时期演化成为复杂结构体，其中的构造界面如节理大大削弱了岩石的力学强度，使其变为似连续介质，影响着岩石的再变形和再破坏过程（于广明等，1998；Kang，1997）。由于地球是一个极不均匀且高度活动的动态系统，因此，处在地球表层的任何一个煤矿区都具有一定的大地构造背景。对于一个具体的煤矿区来说，要么处于挤压构造应力场，要么处于拉张构造应力场。挤压与拉张是煤矿区常见的两种最基本的构造应力状态(夏玉成，2004)。

目前，在我国采煤沉陷预计中，普遍采用由"三下"采煤规程推荐的基于随机介质理论的概率积分法预计公式(滕永海等，2008；郭文兵，2008)。然而，该预计公式中没有考虑煤层覆岩中最普遍存在的节理构造及其所处的构造应力环境。所以，研究岩层在采动条件下变形和破坏而形成的采煤沉陷，应当考虑其普遍存在的节理构造和构造应力，只有这样才有可能提高采煤沉陷预计的精度。

从王石凹煤矿 2103 工作面地表岩移观测站的沉陷结果来看，正规开采时各岩层均未能形成支撑上覆岩体的托板。第四系黄土是影响矿区采煤沉陷规律的另一个重要因素，第四系黄土层的厚度占煤层覆岩总厚度的 30%以上，所以，煤层覆岩的综合硬度较小，因而抗扰动能力较低。此外，特厚黄土层多有较发育的垂直节理，外力作用下极易滑移、崩塌，由此而发生的地质灾害较为频繁。此外，黄土的湿陷性也会在一定程度上加剧采煤沉陷的幅度。铜川矿区石炭二叠纪含煤岩系形成后，经历了多次构造运动，尤其是新生代以来，处于其中的王石凹煤矿地处伸展构造区，受拉张构造应力作用，正断层、张节理等构造界面较为发育，因而，在开采扰动后，覆岩更容易发生移动变形。因此属于深埋似连续介质型构造环境。

本节以铜川矿区王石凹煤矿 2103 工作面地质条件为原型，设计出在不同的构造应力下不同节理倾角的采煤沉陷模型，采用计算机数值试验的方法，研究深埋似连续介质型构造环境(A 型)下的采煤沉陷。

4.4.1　数值试验模型的建立

1）试验模型设计方案

构造应力随深度的变化而变化，在工程涉及的深度范围内，这种变化梯度往往大于自重应力的变化梯度。设水平应力与自重应力的比为 λ，其中挤压应力与自重应力的比为 λ_0，在埋深 100m 以内的浅部，λ_0 值的分布范围为 1.5～5.0；埋深超过 100m 后，其范围为 0.5～2.5。岩石本身耐压怕拉的力学特性决定了拉张构造应力远小于挤压构造应力。

设拉张应力与自重应力的比为 λ_1，λ_1 一般小于 0.5（于学馥等，1983）。为了考察拉张构造应力和不同节理倾角耦合作用对采煤沉陷的影响，拉张构造应力与自重应力的比值 λ_1 设定为 0.005、0.01、0.05、0.1、0.5。

节理的倾角和密度对采煤沉陷具有明显的控制作用（夏玉成等，2008b）。本节设计出倾向相反、密度及物理力学性质相同的两组节理，其中一组节理保持不变，另一组节理的倾角为 0°、30°、60°和 90°，研究在特定的构造环境下，节理倾角对采煤沉陷的影响。

然后，将构造应力和节理进行耦合，派生出不同的模型。构造应力和节理倾角考察的间隔越小，越能精确表现采煤沉陷的特征，然而，这时二者耦合后的模型过多，将耗费太多的机时。通过加载不同量值和类型的构造应力，一组节理保持不变，另一组节理倾角发生变化的复杂地质条件下的模拟开采，考察采煤沉陷特征。

应用数值模拟软件 FLAC^{3D}建立三类共计 30 个试验模型，每个模型由 15 层覆岩、1 层煤层和 1 层底板组成，模型尺寸及其力学参数见表 4.6。节理面的几何和力学参数见表 4.7。表 4.7 中，节理的密度定义为单位长度内的节理条数，单位为条/米。

表 4.6　煤岩物理力学参数

岩性	厚度/m	弹性模量/MPa	泊松比	抗压强度/MPa	抗拉强度/MPa	重力密度/(kN/m^3)	内摩擦角/(°)	黏结力/MPa
黄土	60	40	—	—	—	18.7	25	0.0023
砂岩	32	15000	0.32	78	0.692	22.59	52	2.93
泥岩	10	18700	0.43	13	0.0742	27.5	40	1.53
砂岩	40	13400	0.32	62.4	0.995	25.59	47	3.82
泥岩	20	18700	0.43	13	0.115	27.5	32	1.91
砂岩	48	22200	0.19	60	0.685	26.3	52	3.29
泥岩	36	12200	0.23	33	0.293	25.1	43	2.19
砂岩	5	28800	0.13	103	1.18	26.14	55	4.73
泥岩	30	17300	0.44	19	0.169	26.59	30	3.27

续表

岩性	厚度/m	弹性模量/MPa	泊松比	抗压强度/MPa	抗拉强度/MPa	重力密度/(kN/m³)	内摩擦角/(°)	黏结力/MPa
砂岩	18	27200	0.24	88	1.17	26.69	49	5.37
砂岩	52	15400	0.44	15.2	0.152	26.59	25	3.36
粉砂岩	22	12200	0.23	33	0.584	25.1	29	3.16
砂岩	22	26200	0.21	45	0.449	27.49	41	3.07
细砂岩	5	21600	0.44	15.2	0.168	26.99	25	3.82
煤层	2	1200	0.26	14.5	0.0578	25.1	20	1.30
细砂岩	30	27000	0.22	35	2.32	26.59	45	7.83

表 4.7 节理面几何及物理力学参数

组数	倾角/(°)	倾向/(°)	密度/(条/米)	抗拉强度/MPa	剪胀角/(°)	内摩擦角/(°)	黏结力/MPa
第一组	0/30/60/90	90	10	0.41	0	18	0.25
第二组	30	270	10	0.41	0	18	0.25

每个模型尺寸为 1000m×20m×432m，开采深度为 400m，开采厚度为 2m，共划分了 18000 个单元，采空区尺寸为 320m×20m×2m，采空区距离边界各 340m。模拟开采的推进方向与第一组节理倾向相同。

2）试验模型类别

根据研究需要，依据区域地质构造应力场特征和节理发育情况耦合，分别建立模型。

（1）节理化拉张应力模型。在建立节理化拉张构造应力模型时，不仅考虑覆岩的自重应力，还在 x、y 方向（侧向）施加数值为 λ_1 倍自重应力的拉张应力。λ_1 分别为 0.005、0.01、0.05、0.1、0.5，节理倾角依次取 0°、30°、60°和 90°及无节理情况，考查其采煤沉陷特征。共建模 25 个。

（2）自重应力环境下的节理化模型。为了对比构造应力对采煤沉陷的影响程度，设计了没有构造应力条件下的节理化模型，使节理倾角分别为 0°、30°、60°和 90°，考查其采煤沉陷特征。共建模 4 个。

（3）自重应力环境下的无节理模型。为了对比构造应力和节理对采煤沉陷的影响，设计 1 个既没有构造应力也没有节理的模型。

3）边界约束条件及破坏准则的选取

模型的边界约束条件如下所述：

（1）模型左、右边界定为单约束边界，取 $u=0$、$v\neq 0$、$w\neq 0$（u、v、w 分别为 x、y、z 方向位移）；

（2）模型前后边界定为单约束边界，取 $u\neq 0$、$v=0$、$w\neq 0$；

（3）模型底边界定为全约束边界，取 $u=0$、$v=0$、$w=0$；

（4）模型上边界定为自由边界，破坏准则选用 Mohr-Coulomb 准则，全部垮落法管理顶板。

采用 FLAC^{3D}进行数值模拟时，先采用 Mohr-Coulomb 准则，发现煤层充分开采后地表沉陷值非常小，如在无构造应力 30°节理倾角条件下，地表下沉为 271mm，下沉系数仅为 0.14，显然与实际不符。为了克服其不足，采用 FLAC^{3D}中的遍布节理模型（ubiquitous-joint）。

遍布节理模型同时考虑岩体和节理的物理力学属性，其中材料的剪切破坏采用非关联流动法则，拉伸破坏采用关联流动法则。弱面的倾向是笛卡儿坐标中的 x、y、z 表示，在局部坐标中采用 x'、y'、z'表示。材料破坏包含拉伸和剪切破坏，如图 4.2 所示。

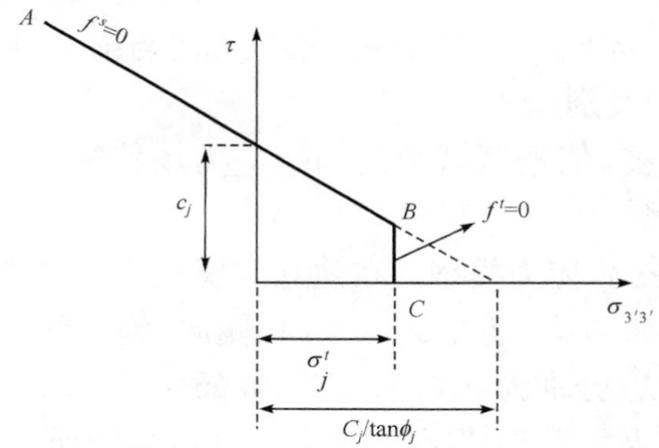

图 4.2 节理面破坏准则

破坏包络线 $f(\sigma_1,\sigma_3)=0$。从 A 到 B 由剪切破坏准，$f^s=0$ 定义为

$$f^s=\tau+\sigma_{3'3'}\tan\phi_j-c_j=0 \tag{4.4}$$

拉伸破坏（BC 段）修正后的应力增量关系可表示为

$$f^t=\sigma_{3'3'}\tan\phi_j-\sigma_j^t=0 \tag{4.5}$$

式中，ϕ_j、c_j 和 σ_j^t 分别为弱面的内摩擦角、黏结力和抗拉强度；对于 $\phi_j \neq 0$ 的弱面，抗拉强度的值为 $\phi_{j\max}^t = \frac{c_j}{\tan\phi_j}$。

用隐函数 g^s 和 g^t 表示剪切和拉伸塑性流动规律，其中函数 g^s 对应非关联流动法则，其形式为

$$g^s = \tau + \sigma_{3'3'} \tan\psi_j \tag{4.6}$$

式中，ψ_j 为剪胀角。

函数 g^t 为相关联的流动法则，其形式为

$$g^t = \sigma_{3'3'} \tag{4.7}$$

当岩体应力状态处于稳定区域时，岩体呈弹性状态，不需要进行塑性修正，而进入屈服区域时，根据关联或非关联流动法则进行修正。

对应剪切破坏情况（AB 段），由于 $\sigma_i^N = \sigma_i^I - \lambda S_i \left(\frac{\partial g}{\partial \sigma_N}\right)$，考虑到 $f = f^s$，修正后的应力增量关系可以表示为

$$\Delta\sigma_{1'1'} = \lambda^s \alpha_2 \tan\psi_j, \quad \Delta\sigma_{2'2'} = -\lambda^s \alpha_2 \tan\psi_j, \quad \Delta\sigma_{3'3'} = \lambda^s \alpha_1 \tan\psi_j$$
$$\Delta\sigma_{1'3'} = \sigma_{1'3'}^0 \frac{\tau^N - \tau^0}{\tau^0}, \quad \Delta\sigma_{2'3'} = \sigma_{2'3'}^0 \frac{\tau^N - \tau^0}{\tau^0} \tag{4.8}$$

式中，$\lambda^s = \frac{f^s(\sigma_{3'3'}^0, \tau^0)}{2G + \alpha_1 \tan\psi_j \tan\phi_j}$；$\alpha_1$ 和 α_2 为由剪切模量和体积模量定义的材料常数，$\alpha_1 = K + \frac{4}{3}G$，$\alpha_2 = K - \frac{2}{3}G$。

由于 $\sigma_i^N = \sigma_i^I - \lambda S_i \left(\frac{\partial g}{\partial \sigma_N}\right)$，考虑到 $f = f^t$，拉伸破坏（BC 段）修正后的应力增量关系可以表示为

$$\Delta\sigma_{1'1'} = -(\sigma_{3'3'}^0 - \sigma_j^t)\frac{\alpha_2}{\alpha_1}, \quad \Delta\sigma_{2'2'} = (\sigma_{3'3'}^0 - \sigma_j^t)\frac{\alpha_2}{\alpha_1}, \quad \Delta\sigma_{3'3'} = \sigma_j^t - \sigma_{3'3'}^0 \tag{4.9}$$

对于内摩擦角不为零的弱面，抗拉强度的最大值为 $\phi_{j\max}^t = \frac{c_j}{\tan\phi_j}$。

4.4.2 深埋似连续介质型构造环境对采煤沉陷的影响

从开挖完毕后的模型中提取地表下沉值，分别得到构造应力和节

理耦合状态下的地表最大下沉值和开采损害起动距，如表 4.8 所示。从开挖完毕的模型中，提取沿着开采方向的主断面下沉数据，作出各模型的主断面下沉曲线图。

表 4.8 不同构造应力环境节理化岩体采煤沉陷对比表

应力状态	λ	无节理		节理倾角 0°		节理倾角 30°		节理倾角 60°		节理倾角 90°	
		下沉值/mm	起动距/m	下沉值/mm	起动距/m	下沉值/mm	起动距/m	下沉值/mm	起动距/m	下沉值/mm	起动距/m
拉张构造应力	0.005	−1217.6	180.0	−1234.2	177.6	−1258.0	174.2	−1296.6	169.0	−1350.3	162.3
	0.01	−1353.4	161.9	−1380.0	157.8	−1413.2	156.1	−1463.5	149.7	−1540.8	143.2
	0.05	−1374.4	159.5	−1405.1	156.0	−1438.5	152.4	−1485.0	147.6	−1561.4	140.4
	0.10	−1422.1	154.1	−1435.3	153.3	−1473.6	148.7	−1517.8	144.4	−1597.6	137.2
	0.50	−1437.9	152.4	−1456.1	150.5	−1496.8	146.4	−1547.9	142.6	−1622.4	135.1
自重应力	0	−1454.5	150.7	−1475.1	148.6	−1517.7	144.4	−1570.7	139.5	−1667.3	132.4

图 4.3 为拉张构造应力为 50%的自重应力，节理倾角为 0°、30°、60°和 90°时的地表下沉曲线对比图。从图中可以看出，无节理时的采煤沉陷最小，随着倾角的增大，最大下沉值增大，当节理倾角为 90°时，地表

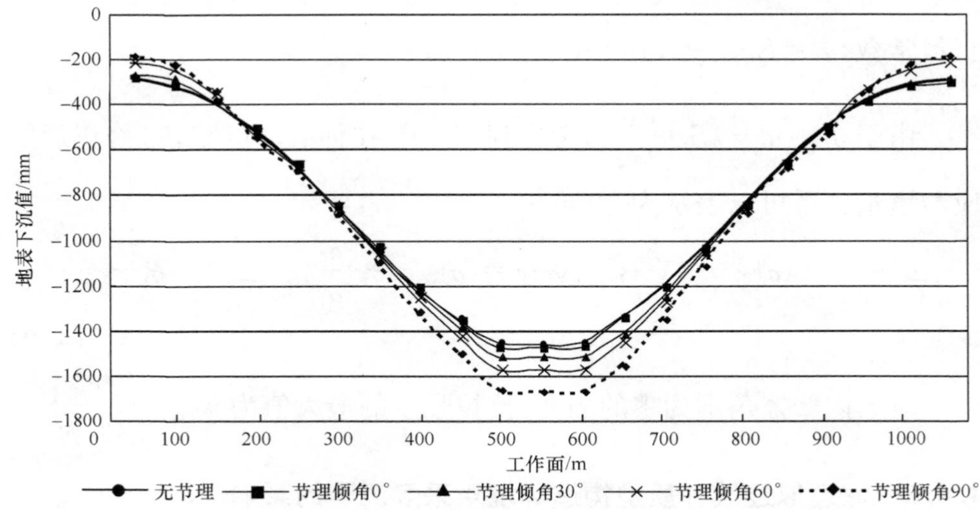

图 4.3 构造应力为 50%的自重应力时，不同节理倾角下的地表下沉曲线

最大下沉值达到最大；无节理时的采煤沉陷盆地范围最大，随着倾角的增大，下沉盆地范围减少，当节理倾角为 90°时，采煤沉陷范围达到最小。只要有节理存在，最大下沉值均增大。开采损害起动距变化规律与地表下沉值变化规律相反。

当节理倾角一定时，随着拉张构造应力的增大，最大下沉值依次增大，二者之间存在正相关性，如图 4.4 所示。

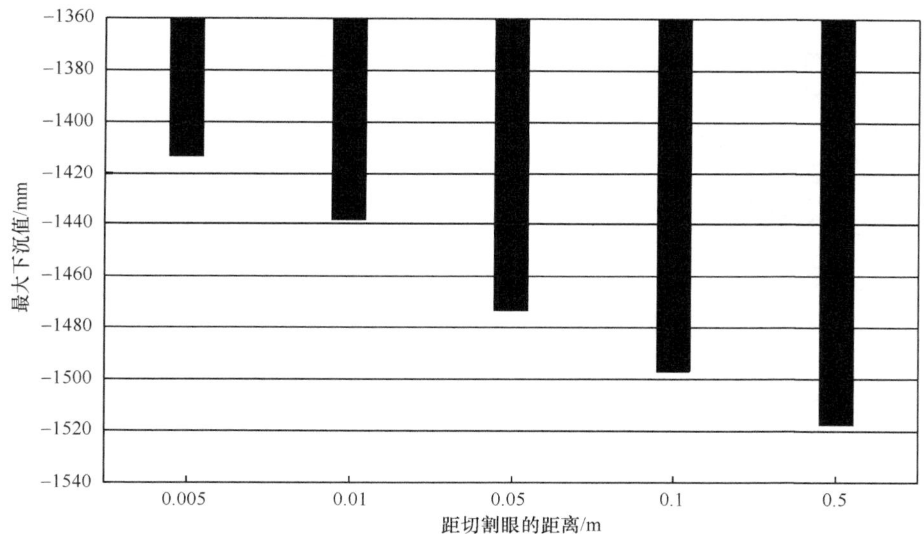

图 4.4 节理倾角为 30°时，随着拉张构造应力的增大，地表最大下沉值变化对比图

4.4.3 深埋似连续介质型构造环境对采煤沉陷影响的机理分析

图 4.5 为不同量值拉张构造应力状态下主断面上的最大主应力对比图。限于篇幅，这里只给出了节理倾角为 30°时，拉张构造应力为 10%的自重应力和 50%的自重应力下的主断面最大主应力云图，分别如图 4.5(a)和图 4.5(b)所示。从图中可以看出，随着拉张构造应力的增大，最大主应力中拉张应力区域分布范围增大且逐渐连成片。由于岩层的抗压强度远大于抗拉强度，所以很小的拉张构造应力就可以在节理弱面上或节理弱面交汇处引起应力集中，从而破坏岩体。随着应力值的增大，岩层破坏越来越严重。

(a) λ_1=0.1

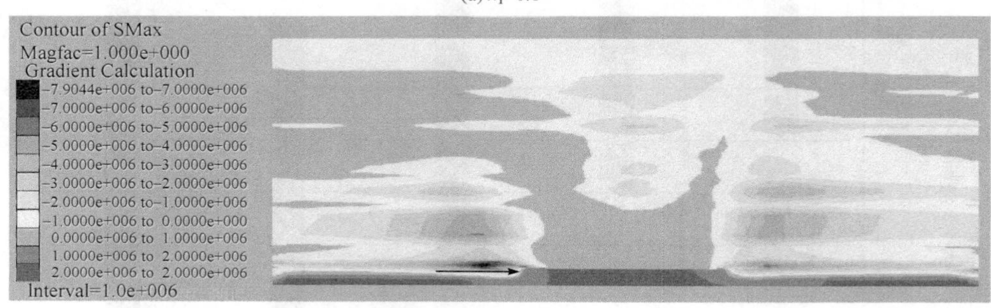

(b) λ_1=0.5

图 4.5　拉张构造应力为 10%和 50%的自重应力且节理倾角为 30°时，模型最大主应力云图

节理是岩层的初始损伤。当上覆岩层受到开采扰动后，这种损伤将活化、增大、扩展和贯通，从而加大了采煤沉陷的发生。节理倾角为 0°时，节理弱面平行于岩层层理方向，且与构造应力平行。处于此种情况下，节理对岩层的初始破坏没有完全参与到采煤沉陷过程中，岩层被拉坏或压坏后才能参与，因此导致地表沉陷值相对较小；此外，构造应力的存在导致沿层面滑移现象增多，从而使地表的移动、变形范围增加。随着节理倾角的增大，节理弱面与岩层层理有了夹角，弱面对岩层的破坏效应沿沉陷方向有了一定的分量，该分量参与到采煤沉陷过程，加速采煤沉陷的发生；节理倾角越大，该分量值就越大，对采煤沉陷的“贡献”也就越大。特别是当节理倾角为 90°时，弱面完全和沉陷方向一致，其对覆岩的初始破坏完全参与到采煤沉陷过程中来，所以出现随着节理倾角的增大，地表下沉值加大的现象。

因此，A 型构造环境的采煤沉陷特征为随着节理倾角的增大，采煤沉陷更容易发生。

4.4.4　深埋似连续介质型构造环境与采煤沉陷量化关系的确定

在应用非线性理论研究变量之间的量化关系中，多元回归分析(multiple regression analysis)开始于20世纪70年代，人工神经网络(artificial neural network)和支持向量机(support vector machine)开始于90年代(Capelle et al.，2002)。

本次量化关系的确定采用3层BP(back propagation)人工神经网络模型。网络模型结构如图4.6所示。训练误差随迭代次数的变化如图4.7所示。

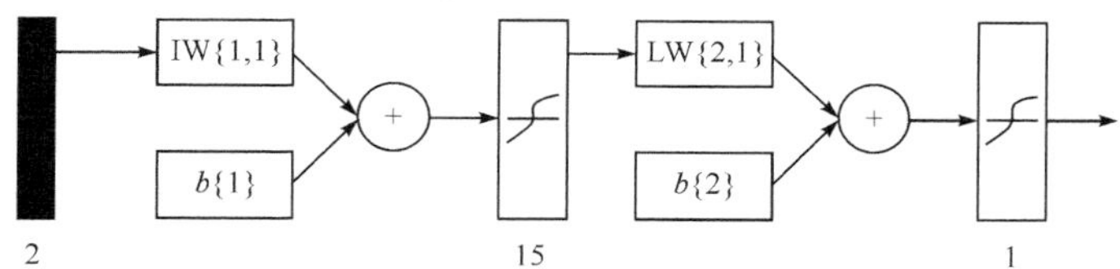

图4.6　计算下沉系数的BP人工神经网络模型结构

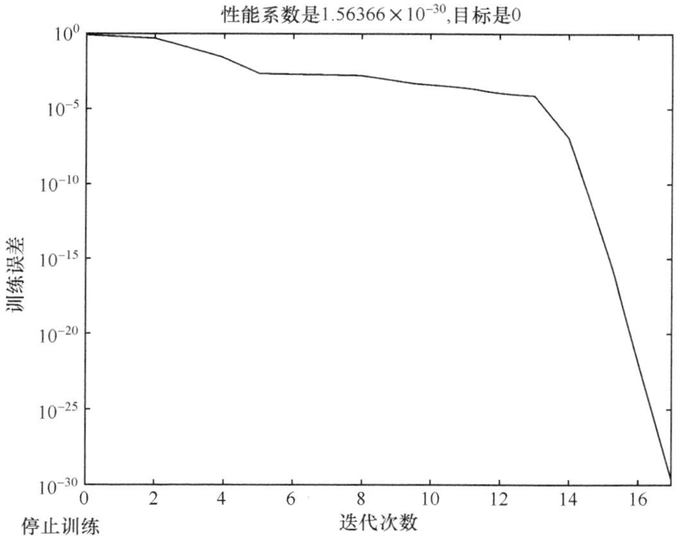

图4.7　训练误差随迭代次数的变化图

对于表4.8中的数据，分别以最大下沉系数和开采损害起动距为因变量，节理倾角和构造应力系数为自变量，分别采用多元回归分析、支持向量机和 BP 人工神经网络的方法研究自变量和因变量之间的量化关系。下面以建立下沉系数与构造环境的量化关系为例，说明建立采煤沉陷灾变与构造环境的量化关系过程。

在计算之前，首先对数据进行处理。把表 4.8 中的最大下沉值除以采高 2000mm 后作为因变量，构造应力系数为自变量 x_1，节理对下沉的贡献体现在节理面与节理倾角的余弦值上，故取节理倾角的余弦值为因变量 x_2。以拉张构造应力系数为 0.1，节理倾角分别为 30°和 60°时的下沉系数为测试数据，以剩余的为训练样本，即训练样本为 22 个，测试样本有 2 个。得到如下结果。

记下沉系数为 η，构造应力系数为 λ，节理倾角为 α，则采用多元回归分析得出的表达式为

$$\eta = 0.7607856 + 0.1433792\lambda - 0.07871256\cos\alpha \tag{4.10}$$

复相关系数为 0.88，最大误差为 12%，所以方程是显著的。x_1 与 y 的相关性为 0.86，大于 x_2 与 y 的相关性 -0.274。

两个测试样本的误差分别为 5.4%和 4.9%。

采用支持向量机方法，训练样本的最大误差为 0.1%，两个测试样本的误差分别为 0.3%和 0。

采用 BP 人工神经网络方法，训练样本的最大误差为 2.9%，两个测试样本的误差分别为 2.6%和 4.6%。

把采用多元非线性回归分析、支持向量机以及 BP 人工神经网络方法建立的 A 型构造环境与地表下沉系数间的量化关系汇总于表 4.9。三种方法的比较如表 4.10 所示。从表 4.10 可知，支持向量机方法的计算精度远大于多元非线性回归分析方法。虽然二者都可以拟合出一个方程，但是支持向量机的方程要复杂得多，而多元非线性回归分析的方程更直观。因此，在研究 A 型构造环境与地表下沉系数的量化关系方面采用多元非线性回归分析方法。

表 4.9　A 型构造环境与地表下沉系数之间的量化关系汇总表

算法	实际值		预测值		偏差		偏差百分比/%	
多元非线性回归分析	0.748	0.774	0.710	0.736	0.041	0.038	5.4	4.9
支持向量机	0.748	0.774	0.746	0.774	0.002	0.004	0.3	0
BP 人工神经网络	0.748	0.774	0.729	0.738	0.02	0.036	2.6	4.6

表 4.10　多元非线性回归、支持向量机和 BP 人工神经网络的比较

算法	拟合公式	平均相对误差/%	计算速度	预测 y 与其相关参数的亲密程度次序	算法评价
多元非线性回归分析	非线性，显式	5	快	x_1、x_2	差
支持向量机	非线性，显式	0.2	快	计算不出	优
BP 人工神经网络	非线性，隐式	3.6	快	计算不出	中

把因变量由下沉系数改为开采损害起动距，重复上述过程，得出开采损害起动距与构造环境之间的量化关系。记 L_q 为开采损害起动距，构造应力系数为 λ，节理倾角为 α，则采用多元回归分析得出的表达式为

$$L_q = 144.46 - 29.36393\lambda + 15.2738\cos\alpha \tag{4.11}$$

4.5　深埋不连续介质型构造环境与采煤沉陷灾变之间的量化关系

深埋不连续介质型构造环境（B 型）是铜川矿区的另一类较为常见的构造类型。断层是铜川矿区采煤过程中经常遇到的、分布较为广泛的一类断裂构造，它能够使覆岩成为不连续结构，是影响采煤沉陷特征的重要地质因素。但由于受诸多因素的限制，有关断层的性质及其组合对采煤沉陷的影响缺乏系统的认识，此外，又很少考虑构造应力的影响。而构造应力是普遍存在的，且对采煤沉陷具有较强的控制作用。因此，考虑断层对采煤沉陷影响的同时，也应当把构造应力对其的影响考虑进去。

为此，本节设计出在不同构造应力环境下，不同断层性质、不同断层倾角的采煤沉陷模型，采用数值模拟的方法，研究铜川矿区 B 型构造类型与采煤沉陷灾变之间的量化关系。

4.5.1　数值试验模型的建立

1）试验模型设计方案

由构造地质学可知，断层是当岩层受到的构造应力超过其极限抗压强度时形成的，按照力学成因可以分为正断层、逆断层和平移断层。

目前,关于断层形成机制问题,被大部分学者接受的是安德森(Anderson)模式。安德森等分析断层的应力状态,认为形成断层的三轴应力状态中的一个主应力轴趋于垂直水平面,提出了正断层、逆断层和平移断层三种应力状态(图 4.8)。据此,在挤压应力作用下易形成低角度的断层,一般为逆断层(断层倾角大多在 30°以下);而在拉张应力作用下易形成高角度的断层,一般为正断层(断层倾角大多在 45°以上,而以 60°～70°最常见)(徐开礼等,1989)。

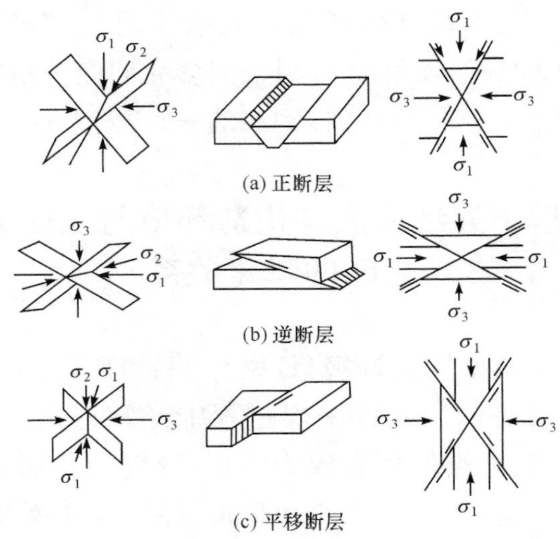

图 4.8　形成断层的三种应力状态

由于大型断层常常作为井田的分界,断裂两侧留有安全煤柱,因此不会对采煤沉陷造成大的影响。在井田范围内,对采煤沉陷影响较大的是中小型断层,特别是隐伏断层。

本次数值模拟在覆岩硬度、厚度、采厚都相同的条件下,考查在不同拉张构造应力环境下正断层的要素(倾角、落差和倾向)对采煤沉陷灾变的影响。

铜川矿区构造演化至今,目前形成拉张构造应力环境。将拉张构造应力与自重应力的比值 λ_1 设定为 0.005、0.01、0.05、0.1、0.5。

岩层在漫长的地质历史时期受到多次构造运动的影响,每次大的构造运动都会产生一定数量的断层。由于高角度断层一般为正断层,低角度断层一般为逆断层，而铜川矿区中非连续介质发育的地区主要是由正断层引起，因此设计模型中的断层倾角分别为 50°、60°、70°、80°和 90°。设计煤层厚度为 2m。

在设计断层落差时，考虑断层把煤层彻底断开，因此最小落差设定为 4m。为了研究落差对采煤沉陷的影响，把断层落差设计为 4m、6m 和 8m。以断层为参照，模拟煤层开挖均由远及近越来越靠近断层。

此外，对于同一断层开采不同的断盘里的煤层时，采煤沉陷特征也有所不同，即断层倾向不同，采煤沉陷特征不同。为了考察断层倾向对采煤沉陷的影响，本书设计了断层倾向与开采方向相同及断层倾向与开采方向相反两种情况。

综合研究断层倾向、倾角和落差等断层要素对采煤沉陷的影响。图 4.9(a)为拉张构造应力作用下正断层倾向与开采方向相反，图 4.9(b)为拉张构造应力作用下正断层倾向与开采方向相同。

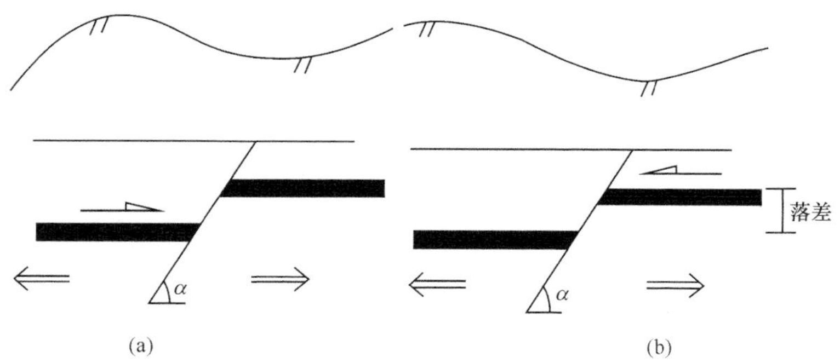

图 4.9 构造应力和正断层耦合模型示意图

单箭头表示开采方向；双箭头表示构造应力方向

先建立不同倾角和落差的正断层模型，然后对模型施加拉张构造应力，实现构造应力和断层要素相耦合，进而派生出不同的模型考察采煤沉陷灾变特征。

本次模拟以陕西省铜川矿区鸭口矿 618 工作面煤层赋存的实际为原型，应用数值模拟软件 FLAC^{3D}建立 4 大类共计 186 个试验模型，每个模型由 13 层覆岩、1 层煤层和 1 层底板组成，模型力学参数同许岩(2009)在其文章中提到的。断层面的几何和力学参数见表 4.11。

表 4.11　断层面物理力学参数

法向刚度/MPa	切向刚度/MPa	内摩擦角/(°)	黏结力/MPa	抗拉强度/MPa
1000	25	30	1.4	10

每个模型尺寸为 1000m×20m×402m，开采深度为 370m，开采厚度为 2m，共划分了 18000 个单元，采空区尺寸为 320m×20m×2m，采空区距离边界各 340m。模拟开采从远处向靠近断层方向推进。

2）试验模型类别

根据研究需要，结合区域地质构造应力场特征及断层发育特征，分别建立如下模型。

第Ⅰ类：断层倾向与开采方向相反的模型。

(1) 拉张构造应力环境下的正断层模型。在建立拉张构造应力环境下的正断层模型时，断层倾角依次取 50°、60°、70°、80°和 90°；断层落差依次取 4m、6m 和 8m。不仅考虑覆岩的自重应力，还在 x、y 方向（侧向）施加数值为 λ_1 自重应力的拉张应力。λ_1 分别为 0.005、0.01、0.05、0.1、0.5。共计建模 75 个。

(2) 自重应力环境下的正断层模型。为了对比构造应力对采煤沉陷的影响程度，设计了没有构造应力条件下的断层模型。断层落差依然为 4m、6m 和 8m，正断层倾角分别为 50°、60°、70°、80°和 90°，考查其采煤沉陷特征。共计建模 15 个。

第Ⅰ类共建模型 90 个，开采断层上盘煤层，开采方向由远及近靠近断层，即断层倾向与开采方向相反。

第Ⅱ类：断层倾向与开采方向相同的模型。

(1) 拉张构造应力环境下的正断层模型。

(2) 自重应力环境下的正断层模型。

第Ⅱ类模型与第Ⅰ类模型除了断层倾向与开采方向不同外，其他完全相同，共建模型 90 个。第Ⅱ类模型开采断层下盘煤层，开采方向由远及近靠近断层，即断层倾向与开采方向相同。

第Ⅲ类：构造应力环境下的无断层模型。

为了对比构造应力对采煤沉陷的影响，设计不考虑断层，只考虑拉张构造应力（λ_1 分别为 0.005、0.01、0.05、0.1、0.5）的影响模型。共建模 5 个。

第Ⅳ类：自重应力下的无断层模型。

为了对比构造应力和断层耦合对采煤沉陷的影响，设计出既没有构造应力也没有断层的模型。共建模 1 个。

3）边界约束条件及破坏准则的选取

模型的边界约束条件与 4.4.1 小节相同，采用 FLAC^{3D}中的遍布节理模型。

4.5.2　深埋不连续介质型构造环境对采煤沉陷的影响

分别对上述建立的 186 个试验模型进行模拟开挖，得出构造应力和断层要素耦合条件下的采煤沉陷。采用 FLAC^{3D}软件自带的 Fish 语言，从开挖完毕的模型中，提取开采主断面上的地表最大下沉数据，如表 4.12 和表 4.13 所示。

1）拉张构造应力环境下正断层对采煤沉陷的影响

(1) 断层倾角对采煤沉陷的影响。图 4.10 是拉张构造应力为 10％的自重应力，断层落差为 4m，断层倾角分别为 50°、60°、70°、80°和 90°时的地表下沉曲线对比图。由图 4.10 可以看出，由于断层的存在，地表下沉曲线失去对称性，向断层一侧偏移；随着断层倾角的增大，下沉曲线偏移量减少，当断层倾角达到 90°时，下沉曲线恢复对称性。此外，随着断层倾角的增大，地表最大下沉值增大，开采损害起动距减少，下沉盆地范围减少，即采煤沉陷剧烈。图 4.11 为断层倾角为 50°，断层落差为 4m 时，拉张构造应力分别取 0.5％、1％、5％、10％和 50％的自重应力时的地表下沉曲线对比图。随着拉张构造应力的增大，地表最大下沉值增大，开采损害起动距减少，地表下沉范围也增大。

(2) 断层落差对采煤沉陷的影响。图 4.12 为拉张构造应力为 10％的自重应力，断层倾角为 50°，断层落差分别为 4m、6m 和 8m 时的地表下沉曲线对比图。从图 4.12 中可以看出，当构造应力和断层倾角为定值时，地表下沉值随着落差的增大而增大；开采损害起动距及下沉盆地范围随着落差的增大而减少。因此落差与采煤沉陷存在正相关关系。

表 4.12　断层倾向与开采方向相反时,B 型构造环境下的地表最大下沉值统计表

构造应力类型	λ	无断层		断层落差/m	断层倾角 50°		断层倾角 60°		断层倾角 70°		断层倾角 80°		断层倾角 90°	
		下沉值/mm	起动距/m		下沉值/mm	起动距/m	下沉值/mm	起动距/m	下沉值/mm	起动距/m	下沉值/mm	起动距/m	下沉值/mm	起动距/m
自重应力	0	−1217.57	180.0	4	−1287.07	170.3	−1303.07	168.2	−1314.06	166.8	−1330.05	164.8	−1343.05	163.2
				6	−1305.30	167.9	−1317.29	166.4	−1327.29	165.1	−1344.28	163.0	−1360.28	161.1
				8	−1318.14	166.3	−1332.13	164.5	−1344.12	163.1	−1359.12	161.3	−1382.25	158.6
拉张构造应力	0.005	−1353.36	161.9	4	−1433.18	152.9	−1450.83	151.1	−1468.48	149.2	−1486.13	147.5	−1503.78	145.7
				6	−1453.68	150.8	−1479.25	148.2	−1494.74	146.6	−1520.77	144.1	−1541.06	142.2
				8	−1474.18	148.7	−1498.99	146.2	−1523.8	143.8	−1548.61	141.5	−1573.42	139.3
	0.01	−1374.39	159.5	4	−1488.29	147.3	−1508.67	145.3	−1530.05	143.2	−1542.43	142.1	−1560.81	140.4
				6	−1504.14	145.7	−1518.32	144.3	−1543.51	142.0	−1551.68	141.2	−1578.55	138.8
				8	−1511.98	145.0	−1531.97	143.1	−1548.97	141.5	−1568.93	139.7	−1587.29	138.1
	0.05	−1422.09	154.1	4	−1519.10	144.3	−1539.47	142.4	−1559.84	140.5	−1581.98	138.5	−1602.35	136.8
				6	−1525.45	143.7	−1556.33	140.8	−1573.80	139.3	−1593.38	137.5	−1610.85	136.1
				8	−1541.19	142.2	−1563.19	140.2	−1583.76	138.4	−1606.76	136.4	−1627.33	134.7
	0.1	−1437.85	152.4	4	−1548.35	141.5	−1569.86	139.6	−1593.37	137.5	−1614.88	135.7	−1633.39	134.2
				6	−1557.88	140.7	−1580.01	138.7	−1604.05	136.6	−1627.26	134.7	−1648.31	133.0
				8	−1565.33	140.0	−1588.32	138.0	−1612.32	135.9	−1637.72	133.8	−1659.08	132.1
	0.5	−1454.48	150.7	4	−1576.29	139.0	−1600.85	136.9	−1624.71	134.9	−1647.94	133.0	−1670.60	131.2
				6	−1589.27	137.9	−1613.05	135.9	−1640.48	133.6	−1657.09	132.3	−1690.03	129.7
				8	−1602.24	136.8	−1627.24	134.7	−1650.24	132.8	−1676.23	130.7	−1701.46	128.8

表 4.13 断层倾向与开采方向相反时，B 型构造环境下的地表最大下沉值统计表

构造应力类型	λ	无断层		断层落差/m	断层倾角 50°		断层倾角 60°		断层倾角 70°		断层倾角 80°		断层倾角 90°	
		下沉值/mm	起动距/m		下沉值/mm	起动距/m	下沉值/mm	起动距/m	下沉值/mm	起动距/m	下沉值/mm	起动距/m	下沉值/mm	起动距/m
自重应力	0	−1217.57	180.0	4	−1323.64	165.6	−1339.64	163.6	−1350.63	162.3	−1367.87	160.2	−1379.62	158.9
				6	−1341.87	163.3	−1357.46	161.5	−1363.86	160.7	−1383.85	158.4	−1400.28	156.5
				8	−1354.71	161.8	−1376.70	159.2	−1380.69	158.7	−1395.69	157.0	−1418.82	154.5
拉张构造应力	0.005	−1353.36	161.9	4	−1469.75	149.1	−1487.40	147.3	−1502.05	145.9	−1522.70	143.9	−1545.48	141.8
				6	−1490.25	147.1	−1519.82	144.2	−1531.31	143.1	−1557.34	140.7	−1577.63	138.9
				8	−1513.75	144.8	−1535.56	142.7	−1560.37	140.5	−1585.18	138.3	−1610.99	136.0
	0.01	−1374.39	159.5	4	−1524.86	143.7	−1545.24	141.8	−1571.05	139.5	−1578.43	138.8	−1597.38	137.2
				6	−1540.71	142.2	−1554.89	141.0	−1580.08	138.7	−1589.94	137.8	−1615.12	135.7
				8	−1547.53	141.6	−1568.54	139.7	−1585.54	138.2	−1605.50	136.5	−1626.29	134.8
	0.05	−1422.09	154.1	4	−1555.67	140.9	−1576.04	139.1	−1596.41	137.3	−1619.23	135.3	−1638.92	133.7
				6	−1562.02	140.3	−1591.68	137.7	−1610.37	136.1	−1629.95	134.5	−1647.42	133.0
				8	−1577.76	138.9	−1599.19	137.0	−1620.33	135.3	−1643.33	133.4	−1667.33	131.4
	0.1	−1437.85	152.4	4	−1584.92	138.3	−1606.43	136.4	−1626.94	134.7	−1651.45	132.7	−1669.96	131.2
				6	−1594.45	137.5	−1616.58	135.6	−1640.62	133.6	−1661.26	131.9	−1684.88	130.1
				8	−1605.13	136.5	−1621.55	135.2	−1648.89	132.9	−1674.29	130.9	−1697.08	129.1
	0.5	−144.48	150.7	4	−1612.86	135.9	−1637.42	133.8	−1661.28	131.9	−1684.51	130.1	−1707.17	128.4
				6	−1625.84	134.8	−1650.82	132.8	−1677.05	130.7	−1688.45	129.8	−1726.60	126.9
				8	−1638.81	133.7	−1663.81	131.7	−1690.14	129.7	−1711.80	128.0	−1743.48	125.7

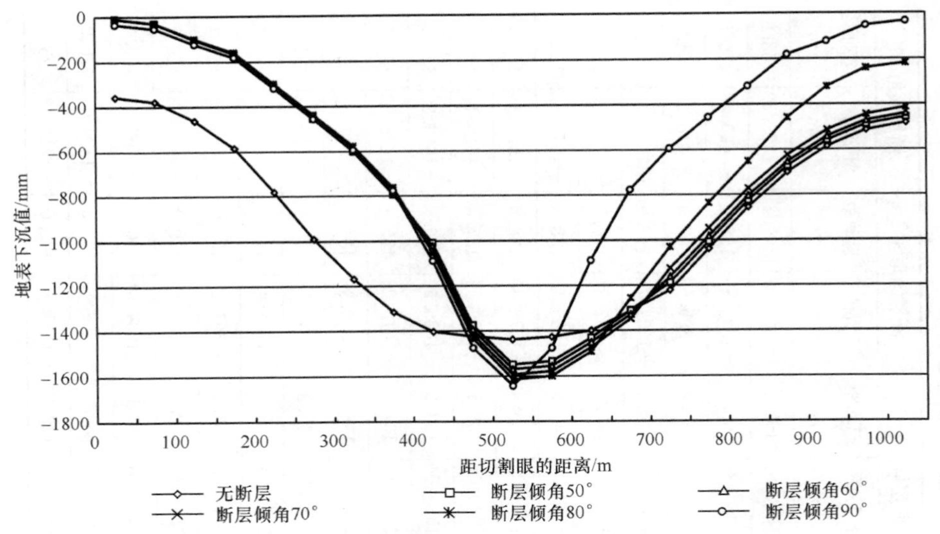

图 4.10 正断层随不同倾角变化时地表下沉曲线对比图

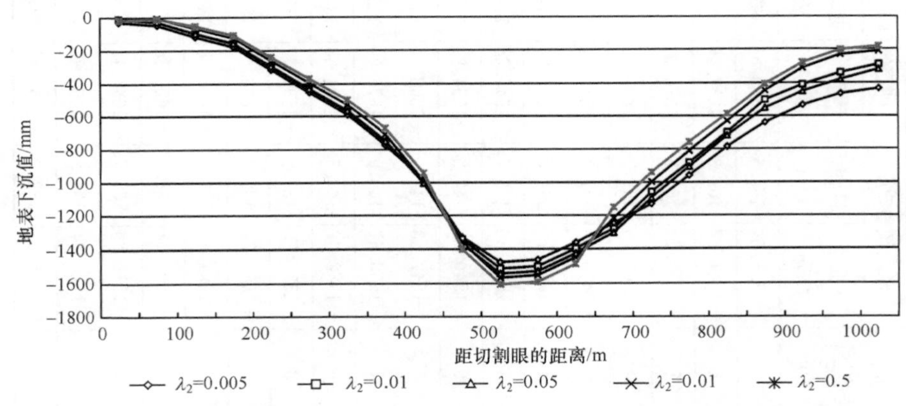

图 4.11 正断层在不同拉张构造应力下的地表下沉曲线对比图

图 4.13 为断层倾角为 50°,落差为 8m,拉张构造应力分别取 50%、1%、5%、10%和 50%的自重应力时的地表最大下沉值对比图。从图 4.13 中可以发现,随着拉张构造应力的增大,地表最大下沉值增大,开采损害起动距减少。因此,拉张构造应力加剧了采煤沉陷。

(3) 断层倾向对采煤沉陷的影响。图 4.14 为拉张构造应力为 5%的自重应力、断层倾角为 60°、断层落差为 4m 时,开采方向与断层倾向相同以及与其相反两种情况下的地表下沉曲线对比。从图 4.14 中可

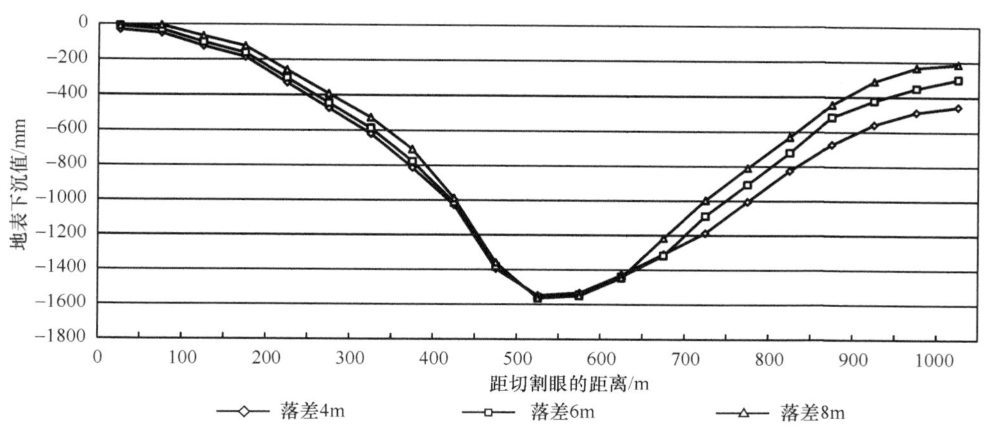

图 4.12　正断层随不同落差时的地表下沉曲线对比图

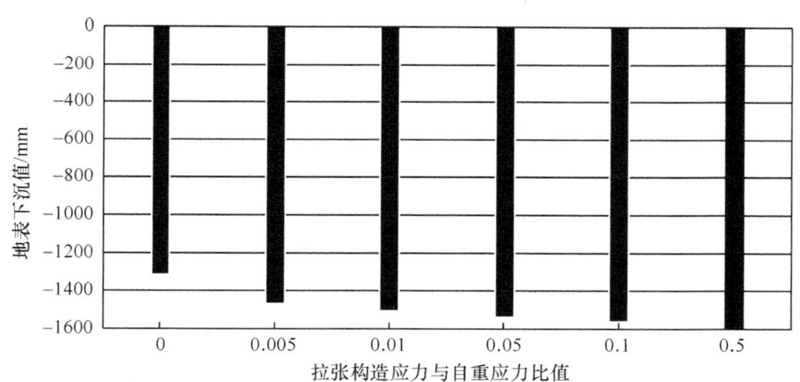

图 4.13　正断层在不同拉张构造应力作用下的地表最大下沉值对比

以看出，走向长壁工作面遇断层时，如果断层面倾向与工作面推进方向一致，开采下盘的煤层易使断层面受拉张裂，造成覆岩破裂范围增大，地表最大下沉值增大，开采损害起动距减少。如果断层面倾向与工作面推进方向相反，覆岩破裂范围减少，地表最大下沉值减少，开采损害起动距增大。

因此，断层倾向与开采方向相同比相反时造成的采煤沉陷更明显，即开采下盘煤层时造成的采煤沉陷相对开采上盘有加剧的趋势。

2）挤压和拉张构造应力分别与断层耦合对采煤沉陷影响的对比

（1）断层落差对采煤沉陷的影响。图 4.15 为构造应力为 0，正断

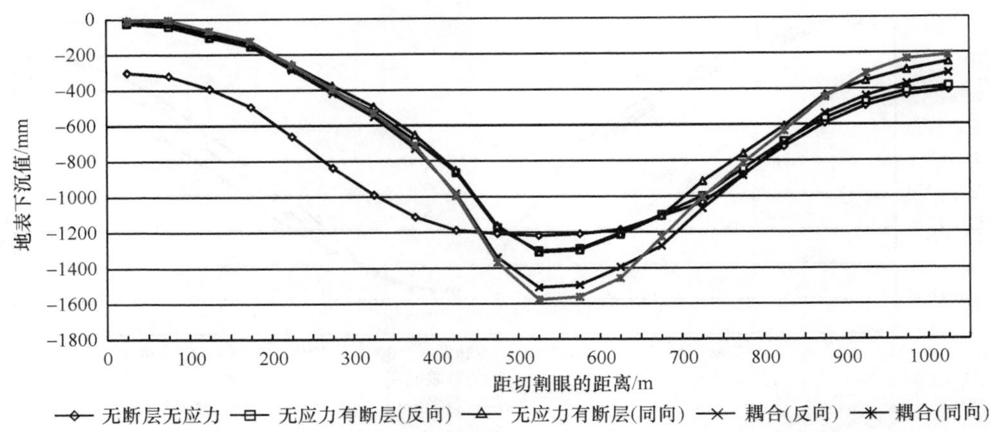

图 4.14　断层倾向与开采方向相同及相反时下沉曲线对比图

层(倾角 60°)落差分别为 4m、6m 和 8m 时的地表下沉曲线对比图。由图 4.15 可知,随着落差的增大,地表最大下沉值增大,开采损害起动距减少。与没有断层时的采煤沉陷相比,断层加剧了采煤沉陷。因此,正断层相对加剧采煤沉陷,拉张构造应力下的正断层加剧的效果更显著。

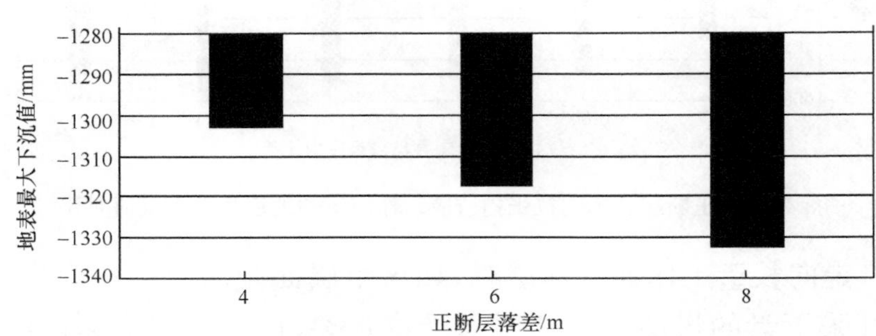

图 4.15　不同落差时地表最大下沉值对比

(2) 构造应力对采煤沉陷的影响。其他条件不变的情况下,随着拉张构造应力的增大,地表最大下沉值增大,开采损害起动距减少。

(3) 断层倾角对采煤沉陷的影响。其他条件不变的情况下,对于正断层而言,随着断层倾角的增大,下沉曲线向断层处的偏移量增大,地表最大下沉值也增大,开采损害起动距减少。

(4) 断层倾向对采煤沉陷的影响。断层倾向对采煤沉陷的影响相对较小。其影响规律为，对于正断层而言，开采方向与断层倾向相同时的采煤沉陷相对二者相反时要剧烈一些。

4.5.3　深埋不连续介质型构造环境对采煤沉陷影响的机理分析

煤层开采之前，岩体处于原始应力的平衡状态下；而煤层开采后，处于自然平衡状态的应力场将发生改变，原岩应力重新分布，工作面围岩出现应力集中现象。根据矿山压力控制理论和岩层控制的关键层理论，在采场推进方向上，煤层底板支撑压力峰值在工作面煤壁前方和开切眼煤壁后方一定距离内，而采空区底板由于垮落岩体被压实，其支撑压力逐渐恢复到原岩应力值 γH，如图 4.16 所示（卜万奎等，2009）。

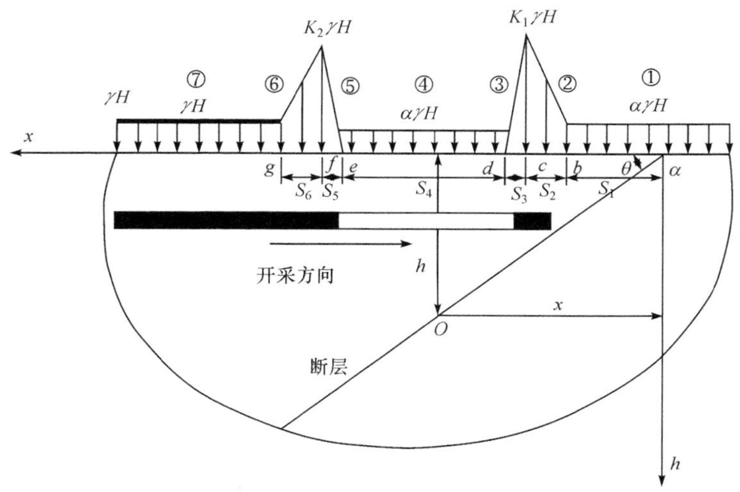

图 4.16　断层活化机理的力学模型（卜万奎等，2009，改绘）

对于长壁开采工作面，沿工作面推进方向，取采场中部围岩体为研究对象，可近似视其为平面应变问题。假定采场底板岩体为弹性岩体，采场底板支撑压力如图 4.16 所示。其中，①、⑦区域为原岩应力分布区，视为均布载荷；应力增高区中的应力简化为线性增加（②、⑤区域）；应力降低区中的应力简化为线性降低（③、⑥区域）；采空区中由于岩体被压实而作用在底板上的载荷简化为均布载荷（④区域），与原岩应力的比为 α（取 $\alpha=0\sim1$）。设断层面与 x 轴正向的夹角为 θ；工作面位于点 d 处，工作面前方应力集中系数为 K_1，应力峰值点在底板上的投影

为点 c，工作面前方应力降低区中降低到原岩应力的点在底板上的投影为点 b；开切眼位于点 e，开切眼后方应力集中系数为 K_2，应力峰值点在底板上的投影为点 f，开切眼后方应力降低区中降低到原岩应力的点在底板上的投影为点 g；断层与煤层的交于点 a。ab、bc、cd、de、ef 及 fg 的距离分别为 S_1、S_2、S_3、S_4、S_5 及 S_6。断层面上任意一点 O 的坐标为 (h,x)，其中 h 代表相对断层面上某点的相对埋深。根据弹性理论中半平面体边界上受法向分布力的应力分析，经推导得出作用在采场底板的支撑压力（①～⑦区域）对断层面上任意一点 O 引起的 σ_3、σ_1 和 τ_{13} 的表达式分别为

$$
\begin{aligned}
\sigma_3 =& \frac{q_0 h(x-x_b)}{\pi[h^2+(x-x_b)^2]}-\frac{q_0 \arctan[(x-x_b)/h]}{\pi}+q_0 \\
&+\frac{q_0 h}{\pi S_2}\ln[h^2+(x-\zeta)^2](K_1-1)\Big|_{x_b}^{x_c} \\
&+\frac{q_0}{\pi S_2}\arctan\left(\frac{\zeta-x}{h}\right)[(K_1-1)(x-x_b)+S_2]\Big|_{x_b}^{x_c} \\
&-\frac{q_0 h}{\pi S_2}\cdot\frac{[(K_1-1)(x-x_b)+S_2]\zeta}{h^2+(x-\zeta)^2}\Big|_{x_b}^{x_c} \\
&+\frac{q_0 h}{\pi S_2}\cdot\frac{x[S_2-(K_1-1)x_b]+(h^2+x^2)(K_1-1)}{h^2+(x-\zeta)^2}\Big|_{x_b}^{x_c} \\
&-\frac{K_1 q_0 h}{\pi S_3}\ln[h^2+(x-\zeta)^2]\Big|_{x_c}^{x_d} \\
&-\frac{K_1 q_0}{\pi S_3}(x-x_d)\arctan\left(\frac{\zeta-x}{h}\right)\Big|_{x_c}^{x_d} \\
&+\frac{K_1 q_0 h}{\pi S_3}\cdot\frac{(x-x_d)\zeta-x_d x+(h^2+x^2)}{h^2+(x-\zeta)^2}\Big|_{x_c}^{x_d} \\
&+\frac{\alpha q_0}{\pi}\left[\frac{h(x-\zeta)}{h^2+(x-\zeta)^2}+\arctan\left(\frac{\zeta-x}{h}\right)\right]\Big|_{x_d}^{x_e} \\
&+\frac{K_2 q_0 h}{\pi S_5}\ln[h^2+(x-\zeta)^2]\Big|_{x_e}^{x_f} \\
&-\frac{K_2 q_0 h}{\pi S_5}\cdot\frac{(x-x_e)\zeta-x_e x+(h^2+x^2)}{h^2+(x-\zeta)^2}\Big|_{x_e}^{x_f}
\end{aligned}
$$

$$
\begin{aligned}
&-\frac{q_0}{\pi S_6}[(K_2-1)(x-x_g)+S_6]\arctan\left(\frac{\zeta-x}{h}\right)\Bigg|_{x_f}^{x_g} \\
&+\frac{q_0 h}{\pi S_6}\cdot\frac{[(K_2-1)(x-x_g)-S_6]\zeta}{h^2+(x-\zeta)^2}\Bigg|_{x_f}^{x_g} \\
&+\frac{q_0 h}{\pi S_6}\cdot\frac{x[S_6+(K_2-1)x_g]-(h^2+x^2)(K_2-1)}{h^2+(x-\zeta)^2}\Bigg|_{x_f}^{x_g} \\
&+\frac{K_2 q_0}{\pi S_5}(x-x_e)\arctan\left(\frac{\zeta-x}{h}\right)\Bigg|_{x_e}^{x_f}-\frac{q_0 h(x-x_g)}{\pi[h^2+(x-x_g)^2]} \\
&-\frac{q_0\arctan[(x_g-x)/h]}{\pi}
\end{aligned}
\tag{4.12}
$$

$$
\begin{aligned}
\sigma_1 =&\frac{q_0 h(x_b-x)}{\pi[h^2+(x-x_b)^2]}+\frac{q_0\arctan[(x_b-x)/h]}{\pi}+q_0 \\
&+\frac{q_0 h}{\pi S_2}\cdot\frac{[(K_1-1)(x-x_b)+S_2]\zeta}{h^2+(x-\zeta)^2}\Bigg|_{x_b}^{x_c} \\
&+\frac{q_0 h}{\pi S_2}\cdot\frac{[x_b(K_1-1)-S_2]x-(K_1-1)(h^2+x^2)}{h^2+(x-\zeta)^2}\Bigg|_{x_b}^{x_c} \\
&+\frac{q_0}{\pi S_2}\arctan\left(\frac{\zeta-x}{h}\right)[(K_1-1)(x-x_b)+S_2]\Bigg|_{x_b}^{x_c} \\
&+\frac{K_1 q_0 h}{\pi S_3}\cdot\frac{(x_d-x)\zeta-x_d x+(h^2+x^2)}{h^2+(x-\zeta)^2}\Bigg|_{x_c}^{x_d} \\
&+\frac{K_1 q_0}{\pi S_3}(x_d-x)\arctan\left(\frac{\zeta-x}{h}\right)\Bigg|_{x_c}^{x_d} \\
&+\frac{\alpha q_0}{\pi}\left[\frac{h(x-\zeta)}{h^2+(x-\zeta)^2}+\arctan\left(\frac{\zeta-x}{h}\right)\right]\Bigg|_{x_d}^{x_e} \\
&+\frac{K_2 q_0 h}{\pi S_5}\cdot\frac{(x-x_e)\zeta+x_e x-(h^2+x^2)}{h^2+(x-\zeta)^2}\Bigg|_{x_e}^{x_f} \\
&+\frac{K_2 q_0}{\pi S_5}(x-x_e)\arctan\left(\frac{\zeta-x}{h}\right)\Bigg|_{x_e}^{x_f} \\
&+\frac{q_0 h}{\pi S_6}\cdot\frac{[(K_2-1)(x_g-x)+S_6]\zeta}{h^2+(x-\zeta)^2}\Bigg|_{x_e}^{x_f}
\end{aligned}
$$

$$
\begin{aligned}
&+\frac{q_0}{\pi S_6}[(K_2-1)(x_g-x)+S_6]\arctan\left(\frac{\zeta-x}{h}\right)\bigg|_{x_f}^{x_g} \\
&-\frac{q_0h(x_g-x)}{\pi[h^2+(x-x_g)^2]}-\frac{q_0\arctan[(x_g-x)/h]}{\pi}
\end{aligned}
\tag{4.13}
$$

$$
\begin{aligned}
\tau_{13}=&\frac{q_0h^2}{\pi[h^2+(x-x_b)^2]}-\frac{q_0h}{\pi S_2}\arctan\left(\frac{\zeta-x}{h}\right)(K_1-1)\bigg|_{x_b}^{x_c} \\
&+\frac{K_1q_0h}{\pi S_3}\cdot\left[\arctan\left(\frac{\zeta-x}{h}\right)+h\frac{x_d-\zeta}{h^2+(x-\zeta)^2}\right]\bigg|_{x_c}^{x_d}+\frac{\alpha q_0}{\pi}\cdot\frac{h^2}{h^2+(x-\zeta)^2}\bigg|_{x_d}^{x_e} \\
&-\frac{K_2q_0h}{\pi S_5}\cdot\left[\arctan\left(\frac{\zeta-x}{h}\right)+h\frac{x_e-\zeta}{h^2+(x-\zeta)^2}\right]\bigg|_{x_e}^{x_f} \\
&+\frac{q_0h}{\pi S_6}\arctan\left(\frac{\zeta-x}{h}\right)(K_2-1)\bigg|_{x_f}^{x_g} \\
&+\frac{q_0h^2}{\pi S_2[h^2+(x-\zeta)^2]}[(K_1-1)(\zeta-x_b)+S_2]\bigg|_{x_b}^{x_c} \\
&+\frac{q_0h^2}{\pi S_6}\cdot\frac{(K_2-1)(x_g-\zeta)+S_6}{h^2+(x-\zeta)^2}\bigg|_{x_f}^{x_g}-\frac{q_0h^2}{\pi[h^2+(x-x_g)^2]}
\end{aligned}
\tag{4.14}
$$

式中，q_0 为覆岩原始应力；ζ 为变量。由此可以得到断层面上的法向应力和剪应力为

$$
\begin{aligned}
&\sigma=\sigma_1\sin^2\theta+\sigma_3\cos^2\theta+2\tau_{13}\sin\theta\cos\theta \\
&\tau=(\sigma_3-\sigma_1)\sin\theta\cos\theta+\tau_{13}(\sin^2\theta-\cos^2\theta)
\end{aligned}
\tag{4.15}
$$

由于上述公式十分复杂，利用 Visual Basic 语言编制相应的计算程序，考查开采断层上盘煤层不同断层倾角时的断层面上法向应力和剪切应力的分布特征。

如图 4.16 所示，θ 为正断层倾角。设煤层埋深 $H=400$m，岩层重度 $\gamma=24.53$kN/m^3，$S_1=50$m，$S_2=20$m，$S_3=10$m，$S_4=60$m，$S_5=10$m，$S_6=20$，$K_1=2.5$，$K_2=1.5$，$\alpha=0.8$，而 θ 分别取 50°、60°、70°及 80°。应用式(4.12)～式(4.14)计算得到断层倾角不同时断层面上的剪应力和法向应力分布分别如图 4.17 和图 4.18 所示。

图 4.17 表明不同断层倾角时断层面上的法向应力曲线特征大体相同。以断层倾角为 60°的情况为例，随着埋深的增加，断层面的法向应力从 8.5MPa 增大到 12.6MPa。当倾角小于 60°时，断层面法向应力

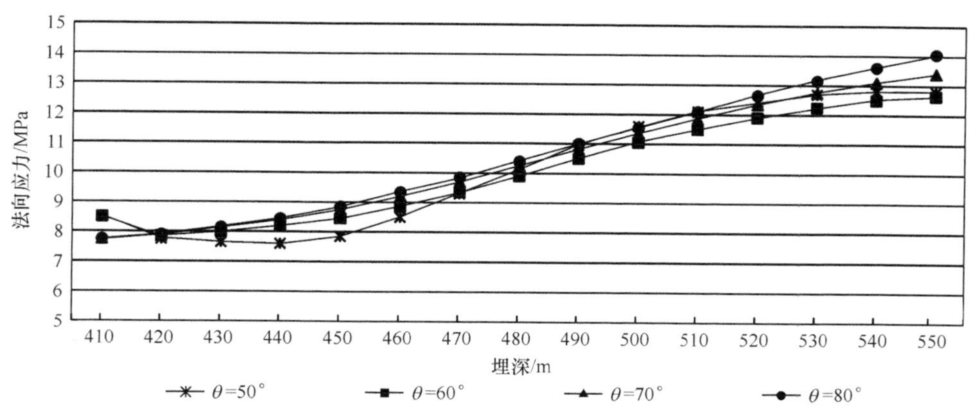

图 4.17　断层倾角不同时断层面上的法向应力分布对比图

曲线相对平缓，说明随着相对埋深的增加，断层法向应力增加的速度较慢。当倾角大于 60°时，断层面法向应力曲线相对陡峭，说明随着相对埋深的增加，断层法向应力急剧增大。随着断层面倾角的增大，断层面法向应力也随之增大。当开采正断层上盘煤层时，随着断层埋深的增大，断层面法向应力缓慢增大，表现为一条上扬的曲线。随着断层倾角的增大，断层面法向应力增大。因此，断层倾角越大，采煤沉陷越明显。

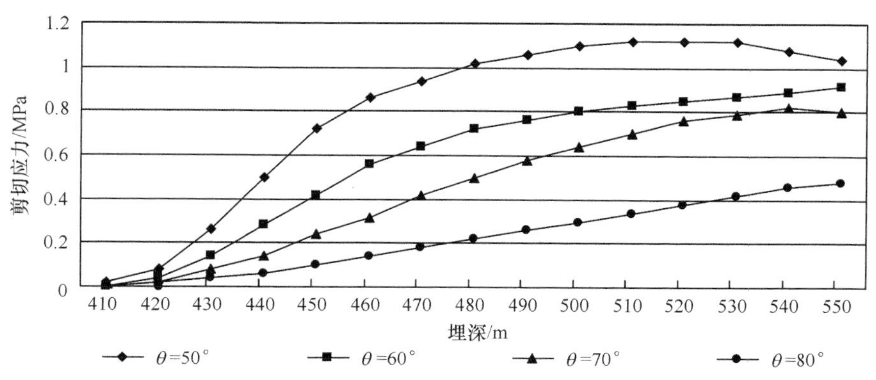

图 4.18　断层倾角不同时断层面上的剪切应力分布对比图

由图 4.18 可知，在断层倾角不变的情况下，随着断层埋深的增加，断层面上的剪切应力总体也在增加。具体以断层倾角为 60°为例说明断层剪切应力随埋深变化的规律。当埋深小于 420m 时，断层面上的剪切应力逐渐增大至 0.04MPa，而埋深大于 420m 后，剪切应力急剧增大，埋深到 500m 时剪切应力达到 0.85MPa，此后，剪切应力的增加幅度很小。总体上，随着断层倾角的增大，断层面上的剪切应力减小。

因此，正断层倾角越大，其法向应力越大，而剪切应力越小。当断层倾角大于 50°时，在模型两侧加上拉张构造应力，对于正断层而言，会使其断层面上的法向应力和剪切应力都减少，也就是说，断层活化源于拉张构造应力和采煤扰动两部分的耦合作用，因此采煤沉陷更容易发生。

图 4.19 表明，其他条件都相同，只有断层落差不同时，覆岩破坏区域大体相似，但是落差增大，在断层附近的应力集中区域明显加大，破坏范围增大，上传至地表后，表现出最大下沉值增大的现象。

(a) 落差为4m

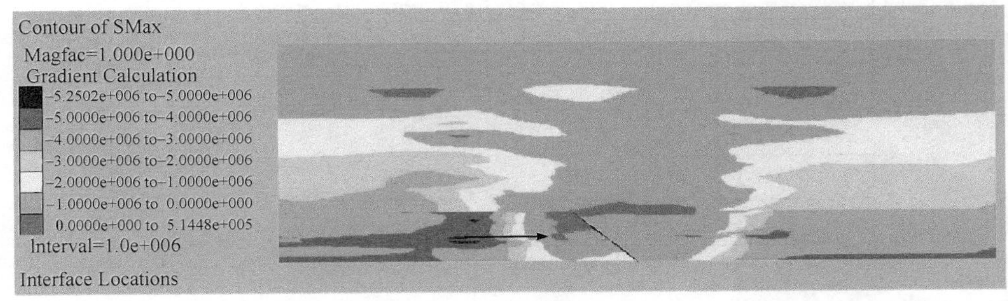

(b) 落差为8m

图 4.19　$\lambda_1=0.5$、断层倾角 30°时，主断面最大主应力云图

4.5.4　深埋不连续介质型构造环境与采煤沉陷量化关系的确定

这里仍然采用非线性多元回归分析、BP 人工神经网络和支持向量机的方法对比确定最优的方法。

根据表 4.12 和表 4.13，将以下沉系数(把表 4.12 和表 4.13 中的地表最大下沉值除以 2000mm 的采厚)和开采损害起动距分别作为因变量，以构造应力、断层倾角、断层落差、断层倾向为自变量，确定自变量与因变量的量化关系。以建立因变量下沉系数为例，说明建立量化关系的过程。

1) 应用非线性多元回归分析建立量化关系

将表 4.12 和表 4.13 中的断层倾角的余弦值作为其中的一个自变量，对于正断层倾向，与开采方向相反时取 1，相同时取 −1，没有断层时取 0。拉张构造应力取正值，无构造应力取 0。然后对所有数据进行归一化处理，再利用大型统计软件 SPSS 进行处理，计算结果见表 4.14 和表 4.15。从表中可知模型调整的判定系数 $\bar{R}^2=0.812$，说明下沉系数同断层要素及构造应力的回归效果是显著的。

表 4.14 模型结果统计表

模型	线性回归系数	拟合系数	判定系数 (修正的拟合优度)	因变量预测值的标准误差 (估计值的标准误差)
1	0.902	0.813	0.812	0.04205

记下沉系数为 η，构造应力系数为 λ，断层倾角为 α，断层倾向为 x，则采用多元回归分析得出的表达式为

$$\eta=0.645+0.111\lambda+0.014h-0.095\cos\alpha+0.003x \tag{4.16}$$

用式(4.17)对样品进行检验，最大绝对误差为 14.7%。

表 4.15 方差分析表

模型	平方和	自由度	均方差	F 检验	F 检验的显著性
回归分析	4.695	4	1.174	663.605	0.000
残差分析	1.081	611	0.002		
合计	5.775	615			

2) 应用 BP 人工神经网络建立量化关系

采用 BP 人工神经网络方法，建立三层网络结构，如图 4.20 所示。选取表 4.12 中最后 10 个作为测试样本，其他为训练样本，网络收敛速度很快，如图 4.21 所示，结果见表 4.16。训练样本的最大误差为

3.5%,10 个测试样本的最大误差为 8.7%。由此可见,BP 人工神经网络的精度要比非线性回归方法高一些。

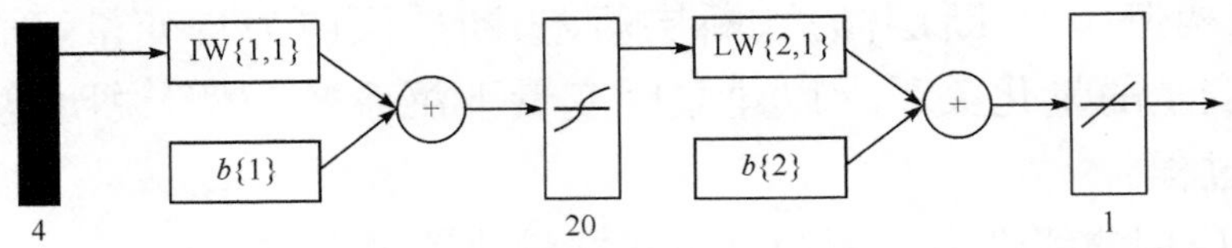

图 4.20　下沉系数计算的 BP 人工神经网络模型结构

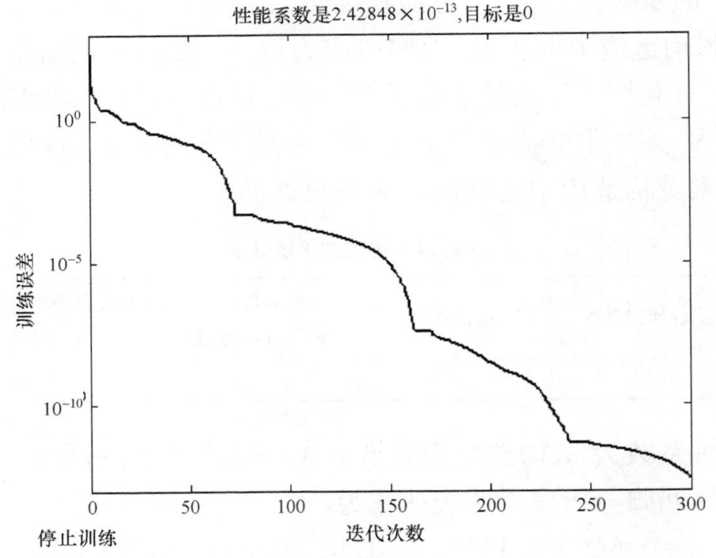

图 4.21　训练误差随迭代次数的变化图

表 4.16　回归系数表

模型	非标准化系数		标准化系数	t 检验的结果	t 检验的显著性
	回归系数	标准差	回归系数		
(常量)	0.645	0.006	—	108.056	0.000
应力	0.111	0.002	0.846	48.365	0.000
落差	0.014	0.007	0.036	2.011	−0.045
倾角	0.095	0.006	0.298	16.532	0.000
倾向	0.003	0.002	0.035	−1.978	−0.048

3）应用支持向量机建立量化关系

根据支持向量机基本原理，运用 MATLAB 语言编写了相应的程序，训练样本和测试样本同前。得出训练样本的误差为 0，测试样本的最大误差为 5%。

4）三种方法的对比

采用支持向量机的方法建立起来的量化关系精度最高，其次为 BP 人工神经网络，非线性多元回归方法精度最低，然而，非线性多元回归能给出一个确切的关系式，对于实际来说更易于操作。因此，推荐用非线性多元回归方法建立量化关系式。即本书建立的构造应力和断层耦合与地表下沉系数之间的量化关系式为

$$\eta=0.645+0.111\lambda+0.014h-0.095\cos\alpha+0.003x$$

式中，η 为下沉系数；λ 为构造应力系数；α 为断层倾角；x 为断层倾向。

限于篇幅，这里直接给出开采损害起动距 L_q 与构造环境的量化关系式：

$$L_q=146.21-30.942\lambda+11.468\cos\alpha-0.723h+1.722x \tag{4.17}$$

4.6　本章小结

（1）根据煤矿区地质的发育情况，选取主采煤层赋存深度、覆岩中断层、节理等构造界面的发育程度、煤矿区所处的不同构造应力场和含煤地层发育的形态等四种条件作为煤矿区构造环境划分的依据。其中按照主采煤层赋存深度的不同，把构造环境划分为浅埋介质型和深埋介质型。按照构造界面的不同，将构造环境划分为连续型、似连续型和不连续型。按照煤矿区构造应力的性质，把煤矿区构造环境划分为自重应力型、挤压构造型和拉张构造型。按照构造形态的不同，将构造环境划分为近水平型、倾斜型和褶皱型。

（2）根据铜川矿区煤层赋存特征，参照构造环境分类依据，将矿区构造环境划分为三种类型，分别是深埋似连续介质型（简称 A 型）、深埋不连续介质型（简称 B 型）和浅埋不连续介质型（简称 C 型）。铜川矿区以 A 型构造环境为主。

(3) 采用数值模拟的方法研究了铜川矿区 A 型构造环境对采煤沉陷的控制作用，分别采用 BP 人工神经网路、支持向量机和非线性多元回归分析方法分别建立了 A 型的构造环境与采煤沉陷之间的量化关系式。其中采用非线性多元回归分析方法建立的量化关系式为

$$\begin{cases}\eta=0.7607856+0.1433792\lambda-0.07871256\cos\alpha\\ L_q=144.46-29.36393\lambda+15.2738\cos\alpha\end{cases}$$

式中，η 为地表下沉系数；L_q 为开采损害起动距；λ 为拉张构造应力系数；α 为节理倾角。

(4) 采用数值模拟的方法研究了铜川矿区 B 型构造环境对采煤沉陷的控制作用，分别采用 BP 人工神经网路、支持向量机和非线性多元回归分析方法建立了 B 型的构造环境与采煤沉陷之间的量化关系式。其中采用非线性多元回归分析方法建立的量化关系式为

$$\begin{cases}\eta=0.645+0.111\lambda+0.014h-0.095\cos\alpha+0.003x\\ L_q=146.21-30.942\lambda+11.468\cos\alpha-0.723h+1.722x\end{cases}$$

式中，η 为地表下沉系数；L_q 为开采损害起动距；λ 为拉张构造应力系数；h 为断层落差；α 为断层倾角；x 为断层倾向。

5 采煤沉陷灾变辨识与预警

在开采过程中，随着采空区尺寸逐渐增大，某一时刻覆岩瞬时塌陷波及地面，形成下沉盆地，这是构造介质从一种稳定状态跳跃式地转变到另一种稳定状态，在此过程中对地表建(构)筑物或具有供水意义的含水层产生破坏，引发采煤沉陷灾变。从系统的观点来看，采煤沉陷灾变是在边界条件复杂的、开放的覆岩系统中，采掘活动扰动下发生的动力失稳现象。采煤沉陷灾变的发生是一个在非常复杂的非线性动力系统中的时空演化过程。本章将根据构造环境与采煤沉陷之间关系的研究成果，通过研究在特定构造环境下采煤沉陷灾变点与开采强度的关系建立采煤沉陷灾变辨识模型，为预防和控制采煤沉陷灾变提供依据。

5.1 采煤沉陷的灾变点

5.1.1 采煤沉陷Ⅰ类灾变点

工作面推进到一定距离时，开采扰动就会波及地表，使地表发生显著下沉，并使其变形逐步增强。如图5.1所示，当采煤工作面由开切眼推进到位置0时，地表下沉曲线为W_0。工作面向前推进到位置1时，地表下沉曲线在W_0的基础上继续下沉形成W_1。工作面继续向前推进，当推进距离达到1.2～1.4倍的平均采深时，地表下沉最充分，最大下沉值不再增大，而下沉范围继续增大。当非充分变形时地表下沉曲线呈现“V”形，当工作面继续向前推进，地表下沉曲线出现平底，呈现“U”形。

无论地表下沉曲线是“V”形或者“U”形，发现其从稳定不动到开始出现明显移动，对应工作面有一定的距离。当地表下沉幅度达到10mm时会引起建(构)筑物损害，把采煤沉陷引起的这类灾变称为采煤沉陷Ⅰ类灾变，把开采工作面从开切眼向前推进的距离称为开采损害起动

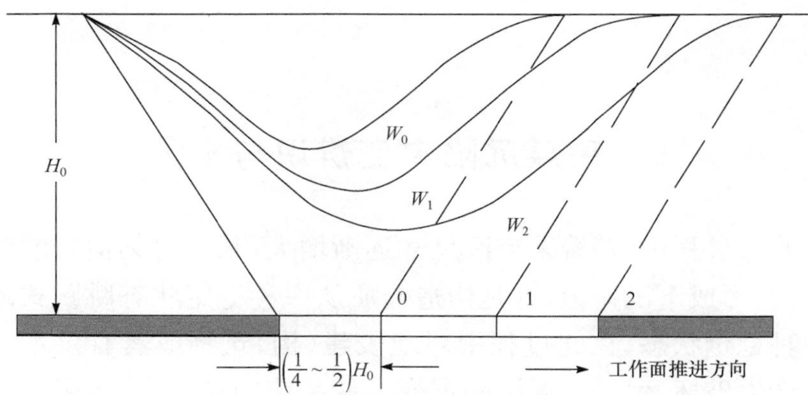

图 5.1　地表下沉曲线发展过程

距。需要说明的是，地表破坏程度与地表下沉值之间本来没有必然的联系，之所以将地表下沉 10mm 时的采空区的最大长度作为开采损害起动距，是考虑到铜川矿区已经实现建筑物下安全开采的工作面，地表下沉值均小于 10mm，地表建(构)筑物墙体出现裂缝的宽度小于 4mm，多条裂缝总宽度小于 10mm。为此，把图 5.2 中的地表下沉为 10mm 的点 a 称为与地表建(构)筑物损害相关的采煤沉陷灾变点，简称为采煤沉陷Ⅰ类灾变的灾变点。

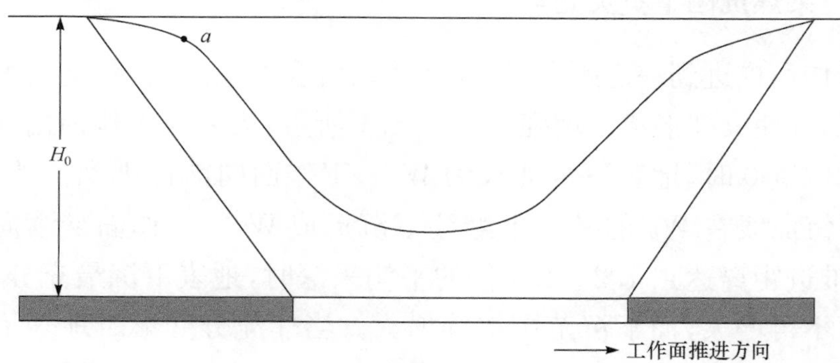

图 5.2　地表下沉曲线中的灾变点

5.1.2　采煤沉陷Ⅱ类灾变点

随着煤炭井工开采的进行，采煤沉陷可使采空区覆岩里发育的隔水层产生破坏，致使含水层在水位和流向上发生改变。当采动裂隙贯通采空区与区域重要含水层的底部岩层时，地下水会沿着采动裂隙加速向采空区或深部岩体渗透，使地下水位降低，严重时可以导致地下水疏干，井泉干涸，从而形成井下突水或淹井灾害事故。此外，可能改变了地面降水的泾流与汇水条件，使地表水通过裂隙渗入地下，引起河流水系流量的减小，地表河流水系甚至出现断流现象。采煤沉陷的这种破坏即使没有波及地表，或地表没有出现大面积塌陷，对地表建(构)筑物也没有产生破坏，但是破坏了区域含水层，使水资源流失、地下水位下降，造成地表植被枯死、地表荒漠化加剧，矿区生产、生活用水匮乏，使原本非常脆弱的生态环境遭受到更加严重的破坏，是采煤沉陷诱发的Ⅱ类灾变。

这类采煤沉陷灾变发生的条件是导水裂隙带贯穿了主要隔水关键层。把贯穿主要隔水关键层的裂隙高度称为临界导水裂隙带高度，此时对应的工作面推进长度称为工作面临界长度。当工作面推进长度小于临界工作面长度时，裂隙带发育高度没有导通主要隔水关键层，即导水裂隙带高度没有发育至临界高度，隔水关键层仍然起到隔水作用，不会造成含水层里的地下水流失。一旦工作面长度超过临界工作面长度，导水裂隙带发育高度将达到裂隙带临界高度，进而导通了隔水关键层甚至切穿含水层，使地下水导入采空区，从而出现了采煤沉陷Ⅱ类灾变。这里把隔水关键层临界破坏的状态称为与区域重要含水层破坏相关的采煤沉陷灾变点，简称为采煤沉陷Ⅱ类灾变的灾变点。通过寻找这类灾变点与开采强度的关系，实现对采煤沉陷Ⅱ类灾变的预警。

5.2　采煤沉陷Ⅰ类灾变的辨识与预警

通过第 2 和第 3 章的研究已经证明，采煤沉陷灾变受研究区构造环境各构成要素(构造介质、构造界面、构造应力、构造形态)的控制，而且与开采条件密切相关。一般情况下，经典开采沉陷学认为工作面推进距离达到 25％～50％的平均采深时，开采扰动就会波及地表，使地表发生显著下沉。也就是说开采损害起动距约为平均采深的 25％～50％。然而，这一观点存在两个问题，其一是数值的不确定性，由于各矿区甚至同一煤矿的工作面埋深都有所不同，因此不能够计算出一个确切的量值，只能给出一个大致的范围；其二是范围的准确性，对于不同矿区，由于地质环境差别很大，计算开采损害起动距时只考虑平均采深一个因素，没有考虑其他地质因素，因此不能全面反映具体煤矿所处的构造环境，所得数据必定存在较大误差。例如，邢台东庞煤矿 2108 工作面的平均采深为 316m，实际开采损害起动距仅为 51m，不足采深的 15%。淮南潘集矿西一采区工作面的平均采深为 400m，1999 年 1 月 12 日测得 1511 点下沉 20mm，此时回采工作面距开切眼仅 33m，开采损害起动距不足采深的 8%(张兆江等，2009)。陕西铜川焦坪矿区玉华煤矿，主采煤层 4#-2 的平均埋深为 420m，开采近 220m，但地表几乎不动，经现场监测，地表没有明显下沉，开采损害起动距大于 50%的采深。要实现对采煤沉陷的Ⅰ类灾变预警，必须提高开采损害起动距的预计精度。

由于构造环境各要素对采煤沉陷灾变具有重要的控制作用，其中构造界面和构造应力尤为重要，但以往的研究往往忽略它们的作用。如果可以获得构造应力大小，以及节理的倾角、密度或断层的性质、落差、倾向和倾角，则可以按照式(4.11)和式(4.17)分别对 A 型构造环境和 B 型构造环境下的采煤沉陷灾变进行辨识。但是构造界面和构造应力要素在实际工作中很难获取精确的资料，为此根据构造控灾机理，结合煤矿地表移动一般规律，以全陷落法进行顶板管理的走向长壁式回采工作面，开采损害起动距与其影响因素之间的关系可表述为如下经验公式：

$$L_q = \xi \overline{H}_0 \tag{5.1}$$

式中，L_q 为开采损害起动距的预计值，表示当回采工作面自开切眼向前推进的距离超过该值后，地表就可能发生明显的下沉，因此，可以将 L_q 作为地表开始破坏的开采强度临界值；$\overline{H}_0$ 是煤层平均埋深，近水平煤层的平均埋深是从地表到开采煤层顶板的垂直距离；ξ 是开采损害起动距影响系数，综合反映构造环境各要素对开采损害的控制作用，可按下式计算：

$$\xi = 0.1MPTS \tag{5.2}$$

式中，M 为构造介质影响系数，主要受覆岩综合普氏硬度 Q 的影响，由

“三下”采煤规程可知，一般情况下，$2\leqslant Q\leqslant 8$ 。由构造介质对采煤沉陷灾变影响度的研究可以确定构造界面对开采损害起动距的影响系数为

$$M=\begin{cases}1.2Q, & \text{关键层位于覆岩上部}\\ 1.1Q, & \text{关键层位于覆岩下部}\\ 1.0Q, & \text{无关键层}\end{cases}$$

P 为构造界面影响系数，由构造界面对采煤沉陷灾变影响度的研究可以确定构造界面对开采损害起动距的影响系数为

$$P=\begin{cases}1.0, & \text{连续（覆岩中节理不发育）}\\ 0.9, & \text{似连续（覆岩中节理较发育）}\\ 0.8, & \text{不连续（覆岩中有较大断层）}\end{cases}$$

T 为构造应力影响系数，由构造应力对采煤沉陷灾变影响度的研究可以确定构造应力对开采损害起动距的影响系数为

$$T=\begin{cases}0.8, & \text{拉张构造应力场}\\ 1.0, & \text{自重应力场}\\ 1.25, & \text{挤压构造应力场}\end{cases}$$

S 为构造形态影响系数，由构造形态对采煤沉陷灾变影响度的研究可以确定构造形态对开采损害起动距的影响系数为

$$S=\begin{cases}1.0, & \text{水平构造}\\ \cos\alpha, & \text{单斜构造（}\alpha\text{ 为单斜构造的倾角）}\\ 1+(180-\text{YJJ})\times 0.8\%, & \text{背斜构造（YJJ 为背斜的翼间角）}\\ 1-(180-\text{YJJ})\times 0.8\%, & \text{向斜构造（YJJ 为向斜的翼间角）}\end{cases}$$

这样一来，式(5.1)综合考虑了构造环境对开采损害起动距的影响，以水平构造为例，预计开采损害起动距的变化范围是

$$0.13H_0\leqslant L_q\leqslant 1.20H_0 \tag{5.3}$$

通过限制工作面推进长度小于开采损害起动距 L_q，可以使地表建(构)筑物不出现损害，从而实现了采煤沉陷Ⅰ类灾变的预警。

5.3　采煤沉陷Ⅱ类灾变的辨识与预警

一般由采煤工作面到含水层会被若干层岩层阻隔，而各岩层由于

其分层特性和所处采动岩体中的位置不同，其隔水性能是不同的，水最终需要穿透的那部分岩层或最终被阻隔住的岩层称为隔水关键层。当含水层与工作面之间有明显的较厚软弱隔水层（如黏土类岩层）时，不易形成突水灾害，如果煤层上部含水层在结构关键层（即控制采煤沉陷发生的关键层，为了与隔水关键层区别，这里称为结构关键层）的上方，当结构关键层采动后不破断时，结构关键层就是隔水关键层。如果结构关键层采动后发生破断，但破断裂隙被软弱岩层所充填，裂隙被弥合，不形成渗流突水通道，则软弱岩层成为隔水关键层（李青锋等，2009；缪协兴等，2008；孔海陵等，2008）。因此，隔水关键层可以是结构关键层即硬岩层，也可以是软岩层。导水裂隙带临界高度是指从隔水关键层至煤层顶板的铅直距离。

导水裂隙带的发育高度与煤层上覆岩层的岩性、采高、煤层的赋存状态、地质构造、采煤方法、控顶方法、工作面长度、开采时间等因素有关。3.5 节已经确定了研究区采煤沉陷的主要影响因素，而导水裂隙带高度又是由采煤沉陷诱发形成的，因此二者的影响因素是相同的。本节主要考虑影响导水裂隙带发育高度的因素包括煤矿区构造环境（包括构造介质的岩性、碎胀性等，似连续构造界面，拉张构造应力和水平构造形态）、煤层开采厚度、工作面几何尺寸。

5.3.1　关键层的极限破断距分析

覆岩中的关键层是指在覆岩中，对岩体活动全部或局部起控制作用的岩层。判别关键层的主要依据是其变形和破断特征，当关键层破断时，其上部全部岩层或局部岩层的下沉变形是相互协调一致的，控制其上全部岩层移动的岩层称为主关键层，控制局部岩层移动的岩层称为亚关键层（钱鸣高等，2000）。

覆岩中的关键层表现出如下特征（钱鸣高等，1996）：

（1）几何特征，相对其他相同岩层厚度较大；

（2）力学特性，岩层相对较坚硬，即弹性模量较大，抗压、抗拉强度相对较高；

（3）变形特征，在关键层下沉变形时，其上覆全部或局部岩层的下沉量与它是同步协调的；

(4) 破断特征，关键层的破断将导致全部或局部上覆岩层破断，引起较大范围内的岩层移动；

(5) 支承特征，关键层破坏前以板(或简化为梁)的结构形式作为全部岩层或局部岩层的承载主体，断裂后若满足岩块结构的 S-R 稳定规律，则成为砌体梁结构，继续成为承载主体。

在中国矿业大学钱鸣高院士提出的关键层理论的基础上，国内的许多学者对关键层的位置判别进行了研究，得出了大量的力学公式和判别方法(刘开云等，2004；茅献彪等，1997，1998)，大多都是通过各种力学分析得出关键层的位置。广泛运用的方法是通过以下三个步骤来确定关键层在覆岩中的位置。

第 1 步，由下往上确定覆岩中的坚硬岩层位置。假设第 1 层岩层为坚硬岩层，其上直至第 m 层岩层与之协调变形，而第 $m+1$ 层岩层不与之协调变形，则第 $m+1$ 层岩层是第 2 层坚硬岩层。由于第 $1\sim m$ 层岩层协调变形，所以各岩层曲率相同，各岩层形成组合梁，由组合梁原理可导出作用在第 1 层硬岩层上的载荷为

$$q_1(x)|_m=\frac{E_1h_1^3\sum_{i=1}^{m}\gamma_ih_i}{\sum_{i=1}^{m}E_ih_i^3} \tag{5.4}$$

式中，$q_1(x)|_m$ 为考虑到第 m 层岩层对第 1 层坚硬岩层形成的载荷；h_i、γ_i、E_i 分别为第 i 岩层的厚度、容重、弹性模量($i=1,2,\cdots,m$)。考虑到第 $m+1$ 层对第 1 层坚硬岩层形成的载荷为

$$q_1(x)|_{m+1}=\frac{E_1h_1^3\sum_{i=1}^{m+1}\gamma_ih_i}{\sum_{i=1}^{m+1}E_ih_i^3} \tag{5.5}$$

由于第 $m+1$ 层为坚硬岩层，其挠度小于下部岩层的挠度，第 $m+1$ 层以上岩层已不再需要其下部岩层去承担它所承受的载荷，则必然有

$$q_1(x)|_{m+1}<q_1(x)|_m \tag{5.6}$$

将式(5.4)和式(5.5)代入式(5.6)并化简可得

$$\gamma_{m+1}\sum_{i=1}^{m}E_ih_i^3 < E_{m+1}h_{m+1}^2\sum_{i=1}^{m}h_i\gamma_i \tag{5.7}$$

式(5.7)即为判别坚硬岩层位置的公式。具体判别时,从煤层上方第1层岩层开始往上逐层计算,当

$$\gamma_{m+1}\sum_{i=1}^{m}E_ih_i^3 \quad 及 \quad E_{m+1}h_{m+1}^2\sum_{i=1}^{m}h_i\gamma_i$$

满足式(5.7)时,则不再往上计算。此时从第1层岩层往上,第 m 层岩层为第1层硬岩层。从第1层硬岩层开始,按上述方法确定第2层硬岩层的位置,以此类推,直至确定出最上一层硬岩层(设为第 n 层硬岩层)。通过对坚硬岩层位置的判别,得到覆岩中硬岩层的位置及其所控软岩层组。

第2步,计算各硬岩层的破断距。由固支梁力学模型,根据材料力学理论分析可知,梁内任一点的正应力为

$$\sigma=\frac{12My}{h^3} \tag{5.8}$$

式中,M 为任一点所在截面的弯矩(kN · m);y 为任一点与截面中性轴的距离(m);h 为岩梁厚度(m)。

由对固支梁的分析可知,固支梁最大弯矩发生在梁的两端,即

$$M_{\max}=-\frac{ql^2}{12} \tag{5.9}$$

所对应的最大拉应力为

$$\sigma_{\max}=\frac{ql^2}{2h^2} \tag{5.10}$$

当 $\sigma_{\max}=\sigma_t$ 时,岩梁断裂,由式(5.10)得其极限跨距为

$$L_k=h_k\sqrt{\frac{2\sigma_k}{q_k}} \tag{5.11}$$

式中,h_k 为第 k 层硬岩层的厚度(m);σ_k 为第 k 层硬岩层的抗拉强度(MPa);q_k 为第 k 层硬岩层承受的载荷(kN/m^2)。

由式(5.4)可知,q_k 可按下式确定:

$$q_k = \frac{E_{k,0} h_{k,0}^3 \sum_{j=0}^{m_k} h_{k,j} \gamma_{k,j}}{\sum_{j=0}^{m_k} E_{k,j} h_{k,j}^3} \tag{5.12}$$

式中，k 代表第 k 层硬岩层；j 代表第 k 层硬岩层所控软岩层组的分层号；m_k 为第 k 层硬岩层所控软岩层的层数；$E_{k,j}$、$h_{k,j}$、$\gamma_{k,j}$ 分别为第 k 层硬岩层所控软岩层组中第 j 层岩层的弹性模量、分层厚度及容重。

当 $j=0$ 时，为硬岩层的力学参数。例如，$E_{1,0}$、$h_{1,0}$、$\gamma_{1,0}$ 分别为第 1 层硬岩层的弹性模量、分层厚度及容重，$E_{1,1}$、$h_{1,1}$、$\gamma_{1,1}$ 分别为第 1 层硬岩层所控软层组中第 1 层软岩的弹性模量、分层厚度及容重。

由于表土层的弹性模量可视为 0，设表土层的厚度为 H，容重为 γ，则最上一层硬岩层即第 n 层硬岩层上的载荷可按下式计算：

$$q_n = \frac{E_{n,0} h_{n,0}^3 \left(\sum_{j=0}^{m_n} h_{n,j} \gamma_{n,j} + H\gamma\right)}{\sum_{j=0}^{m_n} E_{n,j} h_{n,j}^3} \tag{5.13}$$

第 3 步，按以下原则对各硬岩层的破断距进行比较，确定关键层位置。

(1) 第 k 层硬岩层若为关键层，其破断距应小于其上部所有硬岩层的破断距，即满足

$$L_k < L_{k+1} \tag{5.14}$$

(2) 若第 k 层硬岩层的破断距 L_k 大于其上方第 $k+1$ 层硬岩层的破断距，则将第$k+1$层硬岩层承受的载荷加到第 k 层硬岩层上，重新计算第 k 层硬岩层的破断距。

(3) 从最下一层硬岩层开始逐层往上判别 $L_k < L_{k+1}$ 是否成立，以及当 $L_k > L_{k+1}$ 时，重新计算第 k 层硬岩层的破断距。

关键层的破断距与导水裂隙带高度有着密切的关系，破断距计算的准确与否直接关系到导水裂隙带判断的结果。由式(5.11)可知，可以根据关键层的极限抗拉强度进行判断。然而，关键层的破断距除了受抗拉强度的影响，还受构造环境的影响，其中，构造界面和构造应力

对岩层的抗拉强度有着十分重要的影响作用:节理和断层可使岩层抗拉强度减少,拉张构造应力在一定程度上也可使岩层的抗拉强度降低。因此,可以考虑在岩层的抗拉强度前乘以构造环境影响因子 ψ 表示构造环境对关键层破断距的影响。于是关键层破断距的计算式变为

$$L_k=h_k\sqrt{\frac{2\sigma_k\psi}{q_k}} \tag{5.15}$$

式中,$\psi=PT$,对于铜川矿区,有 $0.64\leqslant\psi\leqslant1$。

由此根据上覆关键层初次断裂后的力学模型,各关键层断裂时的临界开采长度为

$$L_{G,j}=\sum_{i=1}^{m}h_i\cot\phi_q+l_{G,j}+\sum_{i=1}^{m}h_i\cot\phi_h \tag{5.16}$$

式中,$L_{G,j}$ 为第 j 层关键层断裂时的工作面推进长度;m 为煤层顶板至第 j 层关键层下部的所有岩层数;h_i 为第 i 层岩层的厚度;$l_{G,j}$ 为第 j 层关键在不受下部岩层支承时初次断裂时的极限断跨距;ϕ_q、ϕ_h 分别为岩层的前、后方断裂角。

5.3.2 软岩受力弯曲的水平变形分析

软岩一般是指覆岩中抗压强度低的岩层,如泥岩、页岩等黏土类岩层等,位于关键层之间,随关键层的变形协调变形。导水裂隙带是指在井工开采影响下煤层的构造介质发生离层、断裂,但没有脱离原有岩体的破坏区域。该区内岩层已断开或有微小的裂隙,但仍保持原有的顺序关系,裂隙间连通性和透水性自下而上逐渐降低,裂隙带一般透水不透砂。因此,导水裂隙带的岩体可以简化为连续性岩体,用固支梁力学模型来分析其水平拉伸变形(李琰庆,2007,2008)。

设其挠曲方程为

$$\omega=y=a_1\left(1+\cos\frac{2\pi x}{l}\right)+a_2\left(1+\cos\frac{6\pi x}{l}\right)+\cdots+a_n\left(1+\cos\frac{2(2n-1)\pi x}{l}\right) \tag{5.17}$$

则其满足边界条件:$\omega|_{x=0}=0,\omega|_{x=l}=0,\left.\frac{\mathrm{d}\omega}{\mathrm{d}x}\right|_{x=0}=0,\left.\frac{\mathrm{d}\omega}{\mathrm{d}x}\right|_{x=l}=0$。利用伽辽金法可得

$$a_n=\frac{ql^4}{[2(2n-1)\pi]^3(2n-1)\pi EI},\quad n=1,2,3,\cdots \tag{5.18}$$

通过解算，可得固支梁的最大挠度为

$$\omega_{\max}=\frac{5ql^4}{384EI} \tag{5.19}$$

式(5.17)可用通项公式表示为

$$\omega=\sum_{i=1}^{n}\frac{ql^4}{[2(2n-1)\pi]^3(2n-1)\pi EI}\left[1+\cos\frac{2(2n-1)\pi x}{l}\right] \tag{5.20}$$

式中，E 为梁的弹性模量；$\boldsymbol{I}$ 为惯性矩，$\boldsymbol{I}=\frac{lh^3}{12}$。

由式(5.20)可得弯曲梁的转角方程为

$$\theta=\frac{\mathrm{d}\omega}{\mathrm{d}x}=\sum_{i=1}^{n}-\frac{3ql^2}{(2n-1)^3\pi^3Eh^3}\sin\frac{2(2n-1)\pi x}{l} \tag{5.21}$$

进而，由式(5.21)得到梁的曲率方程为

$$\frac{1}{\rho}=\frac{\mathrm{d}\theta}{\mathrm{d}x}=-\sum_{i=1}^{n}\frac{6ql}{(2n-1)^2\pi^2Eh^3}\cos\frac{2(2n-1)\pi x}{l} \tag{5.22}$$

由于受均布载荷的固支梁弯曲后产生水平变形，梁弯曲后在其横截面上产生水平拉伸和水平压缩变形，两种变形方式以梁的中性截面对称分布。以中性截面为界，变形后凸出边的应力必为拉应力，产生水平拉伸变形；而凹入边的应力则为压应力，产生水平压缩变形。固支梁弯曲后，其水平拉伸变形为

$$\varepsilon=\frac{1}{\rho}y \tag{5.23}$$

式中，y 为横截面上某点到中性层的距离，所以固支梁弯曲后，其截面上某点的水平拉伸变形为

$$\varepsilon=-\sum_{i=1}^{n}\frac{6qly}{(2n-1)^2\pi^2Eh^3}\cos\frac{2(2n-1)\pi x}{l} \tag{5.24}$$

分析式(5.24)可知，当 $\cos\frac{2(2n-1)\pi x}{l}=-1$ 时，水平拉伸变形最大，最大值为

$$\varepsilon_{\max} = \frac{6qly}{\pi^2 Eh^3}\sum_{i=1}^{n}\frac{1}{(2n-1)^2},\quad n=1,2,3,\cdots \tag{5.25}$$

式中，当 $n\to\infty$ 时，$\sum_{i=1}^{n}\frac{1}{(2n-1)^2}=\frac{\pi^2}{8}$，所以水平拉伸变形的最大值为

$$\varepsilon_{\max}=\frac{3qly}{4Eh^3} \tag{5.26}$$

由于在弯曲梁的中性轴面下端面产生水平拉伸变形，并且在梁的下端即 $y=h/2$ 的端面上，水平拉应变值最大。因此，只要此处的 $\varepsilon_{\max}$ 不超过岩层的临界水平拉伸应变值，那么该岩层就不会产生导水裂隙。所以：

$$\varepsilon_{\max}=\frac{3ql}{8Eh^2} \tag{5.27}$$

在导水裂隙带发展到一定高度后，裂隙带范围内的软弱岩层（如泥岩）是抑制导水裂隙带向上发展的关键，并且由式(5.27)可知固支梁弯曲后其产生的最大水平拉伸变形值与岩梁的跨距 l 成正比，与岩层厚度 h 的平方成反比。在此取泥岩等较软弱类岩层的临界水平拉伸变形值为 1.0mm/m，那么由式(5.27)可以得到岩梁受力弯曲产生最大水平拉伸应变值时的跨距为

$$l_R=\frac{Eh^2}{375q} \tag{5.28}$$

此时所对应的该岩层下端面到煤层顶板的距离 H 就是导水裂隙带发育的高度，所对应的工作面推进距离为

$$L_R=\frac{H}{\cot\phi_q}+l_R+\frac{H}{\cot\phi_h} \tag{5.29}$$

式中，ϕ_q、ϕ_h 分别为岩层的前、后方断裂角。

5.3.3　岩层下部自由空间计算

煤层开采后会产生一个自由空间，随着工作面的推进，上覆岩层开始向这个自由空间移动、垮落。由于岩石的碎胀性，自由空间将不断缩小，当工作面推进到一定程度时，上覆岩层下沉与垮落的矸石接触并逐渐压实，最终垮落矸石的碎胀趋于残余碎胀系数。一般认为，只有在冒

落带和裂隙带范围内的岩层产生碎胀，其上的下沉带不发生体积上的变化。因此，可得每层岩层下的自由空间高度计算公式为

$$\Delta_i = M - \sum_{j=1}^{i-1} h_j(k_j - 1) \tag{5.30}$$

式中，Δ_i 为第 i 层岩层下的自由空间高度；M 为煤层开采厚度； h_j 为第 j 层岩层的厚度；k_j 为第 j 层岩石的残余碎胀系数。

岩石的碎胀系数取决于岩石的性质，坚硬岩石的碎胀系数较大，软岩的碎胀系数较小，但恒大于 1。

5.3.4 岩层破断与其下部自由空间高度的关系

一般认为，硬岩层(在这里主要指关键层)不具有弯曲性，而软岩层具有弯曲性。因此，当工作面长度足够长且硬岩层下部又存在自由空间高度时，硬岩层会沿层面方向断裂，出现贯通导水，否则硬岩层便不会破断；而对于软岩层，由于其具有弯曲性，可能只发生塑性变化，可认为这种情况不会导水。其塑性变化能否发展为岩层的破断还要看软岩层下部自由空间的高度是否大于保持塑性状态允许的沉降值(最大挠度)。

当工作面推进到其可产生最大拉伸的距离时，岩层的最大挠度为

$$\omega_{\max} = \frac{5ql^4}{384EI} \tag{5.31}$$

此时，如果软岩层的最大挠度大于其下部自由空间的高度，由于自由空间的限制，软岩层将保持塑性状态而不会破坏，导水裂隙带至此不再向上发展。于是有

$$\omega_{i,\max} > \Delta_i \tag{5.32}$$

即

$$\omega_{i,\max} > M - \sum_{j=1}^{i-1} h_j(k_j - 1) \tag{5.33}$$

反之，当软岩层的最大挠度小于其下部自由空间的高度时，将发生破断并导水。于是有

$$\omega_{i,\max} < \Delta_i \tag{5.34}$$

即

$$\omega_{i,\max} < M - \sum_{j=1}^{i-1} h_j (k_j - 1) \tag{5.35}$$

5.3.5　采煤沉陷Ⅱ类灾变辨识与预警的实现

从以上分析可知，构造环境和开采尺寸及煤层开采厚度控制着导水裂隙带的发育高度，也就是说导水裂隙带高度是关键层的抗拉强度、软岩层的抗应变能力、岩层下部的自由空间高度和工作面长度综合作用的结果。由于关键层的抗拉强度和软岩层的抗应变能力可转换成极限破断距的形式，所以归根到底，导水裂隙带高度的判断可以由开采强度、关键层和软岩的极限破断距以及其下部的自由空间高度来判断。

利用关键层和软岩的极限破断距及其下部的自由空间高度来判断导水裂隙带高度，会出现如下四种情况。①当关键层的悬露小于其极限破断距时，导水裂隙带不会向上发展；此时结构关键层起到隔水作用，是隔水关键层。②当关键层的悬露大于其极限破断距时，如果不存在自由空间高度，导水裂隙带将终止，否则，继续向上发展，结构关键层失去隔水功能。③当软岩层的水平拉伸应变小于其水平极限拉伸应变时，导水裂隙带不会向上发展，该软岩就是隔水关键层。④当软岩层的水平拉伸应变大于其水平极限拉伸应变时，如果岩层的最大挠度大于其下部自由空间高度，导水裂隙带将终止，否则，继续向上发展。

因此，判断导水裂隙带高度时首先确定导水裂隙带临界高度，然后通过判断构造介质内关键层及其所夹的软岩极限破断距和下部的自由空间高度确定导水裂隙带的高度，当导水裂隙带高度接近导水裂隙带临界高度时发出预警：工作面距离如果进一步增大，就会发生采煤沉陷Ⅱ类灾变，否则是安全的，即开采不会引起Ⅱ类采煤沉陷的发生。因此，$L_{R,j}$即为开采强度，隔水关键层底面到煤层顶板的距离 H 就是导水裂隙带高度。

5.4　本章小结

(1) 根据铜川矿区建筑物下安全开采的实际情况，当地表下沉幅度达到 10mm 时会引起建(构)筑物损害，把地表下沉幅度为 10mm 的点称为与建(构)筑物损害相关的采煤沉陷灾变点,简称为采煤沉陷Ⅰ类灾变点。把隔水关键层临界破坏的状态称为与区域重要含水层破坏相关的采煤沉陷灾变点,简称为采煤沉陷Ⅱ类灾变点。

(2) 采煤沉陷Ⅰ类灾变点出现时,对应工作面推进的临界距离为开采损害起动距。分别建立了以全陷落法进行顶板管理的走向长壁式回采工作面时,构造环境与开采损害起动距之间的量化关系式($L_q=\xi\overline{H}_0$),铜川矿区A型构造环境与开采损害起动距之间的关系式为 $L_q=144.46-29.36393\lambda+15.2738\cos\alpha$,铜川矿区B型构造环境与开采损害起动距之间的关系式为 $L_q=146.21-30.942\lambda+11.468\cos\alpha-0.723h+1.722x$。式中,$L_q$ 为开采损害起动距的预计值;$\overline{H}_0$ 是近水平煤层的平均埋深;ξ 是开采损害起动距影响系数;λ 为拉张构造应力系数;h 为断层落差;α 为断层或节理的倾角;x 为正断层的倾向。当工作面长度达到 L_q 时,地表就可能发生明显的下沉,地表建(构)筑物将会发生破坏,出现采煤沉陷Ⅰ类灾变。

(3) 采煤沉陷Ⅱ类灾变点出现时,对应工作面推进的临界距离称为临界开采强度。导水裂隙带高度与工作面推进长度及研究区构造环境密切相关,通过在岩层极限抗拉强度前乘以构造环境影响因子 ψ 来对关键层极限破断距计算公式进行修正,然后根据开采强度、关键层破断距及软岩极限破断距与岩层下部的自由空间进行对比,判断导水裂隙带高度。当开采强度超过临界开采强度时,导水裂隙带高度将达到导水裂隙带临界高度,就会发生采煤沉陷Ⅱ类灾变,从而建立采煤沉陷Ⅱ类灾变预警模型。

6 应用实例

铜川市位于陕西省中部陕北黄土高原向渭河盆地的过渡地带，是西北地区重要的能源建材工业基地。近年来，大规模的矿产资源开发和频繁的人类工程经济活动，使铜川市成为地质灾害的多发区、易发区和重灾区，现已造成巨额经济损失和大量人员伤亡，严重制约了当地经济的可持续发展，威胁着人民群众的生命财产安全。采煤沉陷引起或诱发的地质灾害是铜川矿区最主要的地质灾害。本章利用本书研究成果，对铜川矿区常见的采煤沉陷Ⅰ和Ⅱ类灾变进行预警。

6.1 铜川矿区采煤沉陷Ⅰ类灾变预警

2008 年，国土资源部立项开展铜川地区地质灾害调查与区划工作，调查发现王石凹井田采煤沉陷，诱发滑坡(表 6.1)、地裂缝等灾害的发生，如在王石凹煤矿东部 8km^2 的范围内，就有 81 条较大的地裂缝，其长度多为 100～400m，最长可达 600m，缝宽 20～40cm，最宽可达 1m，垂直塌陷落差 30～50cm，最大可达 1.5m。王石凹井田采煤沉陷不仅破坏了土地资源，而且破坏了房屋建筑和道路，致使许多村庄的房屋开裂变形，甚至发生村民房屋、窑洞倒塌事件，使许多村庄不得不整体搬迁，个别村庄甚至是第二次搬迁。此外，采煤沉陷使地下水流失，造成矿区生产、生活用水紧张。此次灾害调查结果显示，该区是铜川市地质灾害的高易发区。

表 6.1 铜川矿区王石凹井田采煤沉陷诱发山体滑坡

地点	形成时间	规模/km^2	致灾程度	动态
风井	1961 年	0.16	风井及地面设施破坏	暂时稳定
庞家山	1964 年	0.25	压覆农田百余亩	暂时稳定
周家沟	2001 年	0.05	压覆农田数十亩	继续崩塌
徐家沟	2001 年	0.15	严重威胁铁路营运安全	继续滑移
傲背村罗家塔组	2002 年	0.10	严重威胁村民生命财产安全	继续滑移

6.1.1 铜川矿区王石凹井田地质概况

王石凹井田位于铜川矿区中部，西邻桃园矿井，东接金华山矿井，北与史家河矿井接壤，南部与李家塔矿井毗连。东西长达 7.5km，南北长 3.3km。王石凹井田除沟谷中有零星的岩层露头外，其余全部为黄土覆盖，主体构造为一走向北东至北东东、倾向北西至北北西的单斜构造。地层平均倾角为 5°～9°，在单斜构造的基础上，发育了次级不同方向的褶皱、断裂、挠曲、层间滑动、陷落柱及塌陷坑等构造。

根据钻孔揭露和地面观测资料，地层系统和特征由老至新综述如下：

(1) 奥陶系中、下统(O_{1+2})。为灰至灰白色石灰岩，在井田南部出露，是煤系岩层的基底。深灰至灰白表面含次生黄铁矿，具有方解石脉及燧石，新鲜面有臭味。顺走向和倾向有节理、裂隙及小溶洞。厚度不详。

(2) 上石炭系太原组(C_{3t})。为本区的主要含煤地层，为一套海陆交互相沉积，厚度为 12.61～60.05m，一般为 20m 左右，假整合沉积于奥陶系之上，露头不多，大部分为土层掩盖。主要岩性为灰黑色的粉、细砂岩及泥岩互层、石灰岩，夹 5#、10# 煤层。

(3) 下二叠系山西组(P_1^1)。为本区次要含煤地层，陆相含煤沉积，厚 23.96～83.28m，一般为 60m 左右。下部由一套灰色的粉砂岩，中、粗粒砂岩组成(K4 标志层)；中部由泥岩、3# 煤、砂质泥岩或粉砂岩互层组成；上部主要由各种粒度的砂岩组成，底部为深至深灰色厚层状粗砾石英砂岩，含大量白云母片及少量暗色矿物。

(4) 下二叠系下石盒子组(P_1^2)。底部为浅灰色至灰色厚层状石英砂岩，中部以紫色花斑状泥岩为主，中夹黄绿色薄层状至中厚层状石英砂岩，上部为灰绿、紫红、暗紫红色泥岩和粉砂岩，厚度在 70m 左右。

(5) 上二叠系上石盒子组(P_2^1)。主要由灰深绿色细至粗砾石英砂岩、紫杂色泥岩及砂质泥岩组成，一般厚度在 100m 左右。

(6) 上二叠系石千峰组(P_2^2)。主要为土黄色，黄绿色巨厚层状细至粗砾石英砂岩，底部为紫杂色中粗粒含砾砂岩，厚度为 160m 左右。与下伏石盒子地层连续沉积。

(7) 新生界(K_Z)。厚 0～119m，一般为 50～100m。其上部为第四系黄土层；下部为第四系及第三系的紫杂色黏土，砂质黏土，以及砾岩、粉砂岩等；中部常夹有多层钙质结核，与下伏地层呈不整合接触。

王石凹井田综合柱状图见图 6.1。

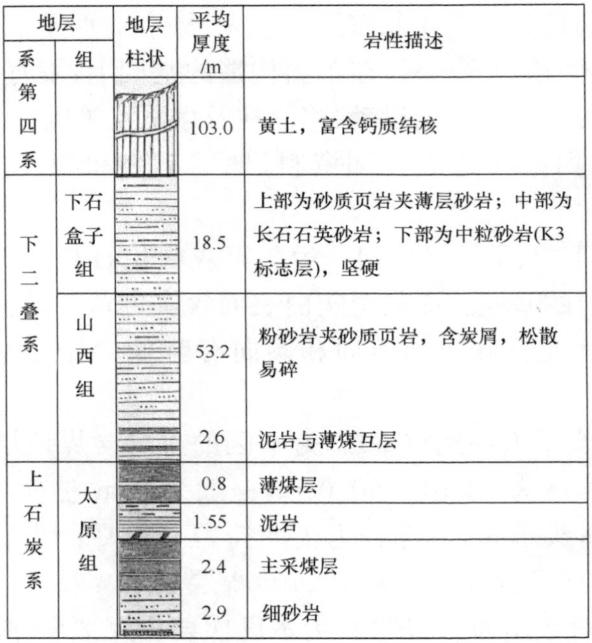

地层 系	地层 组	地层柱状	平均厚度/m	岩性描述
第四系			103.0	黄土，富含钙质结核
下二叠系	下石盒子组		18.5	上部为砂质页岩夹薄层砂岩；中部为长石石英砂岩；下部为中粒砂岩(K3标志层)，坚硬
	山西组		53.2	粉砂岩夹砂质页岩，含炭屑，松散易碎
			2.6	泥岩与薄煤互层
上石炭系	太原组		0.8	薄煤层
			1.55	泥岩
			2.4	主采煤层
			2.9	细砂岩

图 6.1　王石凹井田综合柱状图

6.1.2　铜川矿区王石凹井田构造环境特征

王石凹井田主要可采煤层为 5^{-2}煤，平均厚度为 3.5m，平均倾角为 5°，平均采深 445m。综合该井田祥勘资料和补充勘探资料得出该井田含煤岩系主要特征如下：

(1) 主采煤层上覆岩土体综合硬度较小。煤层覆岩中硅、钙质胶结的中粗粒砂岩(K4)硬度最大(f=8)，但厚度较小。从王石凹井田 2502(K4=69m)工作面地表岩移观测站的沉陷结果来看，正规开采时，各岩层均未能形成支撑上覆岩体的托板。

(2) 第四系黄土是影响矿区采煤沉陷规律的重要因素。第四系黄土层的厚度占到煤层覆岩总厚度的 30%～70%，所以，煤层覆岩的综合硬度较小，因而抗扰动能力较低。此外，黄土覆盖层在地表水的冲蚀作用下，形成沟谷、梁峁、残塬等多样性区域地貌景观。特厚黄土层多有较发育的垂直节理，在外力作用下极易滑移、崩塌，由此而发生的地质灾害较为频繁。此外，黄土的湿陷性也会在一定程度上加剧采煤沉陷的幅度。

(3) 井田经历了两种截然不同的地球动力学体制：前新生代，受挤压构造体制控制；新生代以来，受北西至南东向拉张应力作用，属伸展构造体制。因此，井田挤压与伸展变形共存，是一个典型的复合型煤田构造区。从变形时间来看，挤压变形在前，伸张变形在后；从变形范围来看，由于挤压构造体制作用时间长，强度大，挤压变形区范围较广，煤田内有大规模逆冲断层及纵弯褶皱发育，而伸展变形自南东向北西发展，主要表现为广泛分布的张节理和中、小型拉张断层。

根据上述构造环境特征，按照构造环境分类方案，王石凹井田属于 A 型构造环境。

6.1.3 铜川矿区王石凹井田采煤沉陷特征

王石凹井田设置了 2502 地表岩移观测站，1995～2000 年，该观测站历时 6 年进行了全地面观测 11 次，获得了大量的观测资料。总结观测资料，得出了井田采煤沉陷的如下特征：

(1) 地表最大下沉值为 1162mm，下沉系数为 0.58。20 世纪 50 年代以来，铜川矿务局设立在全局范围内的 10 余个观测站，获得了丰富的观测成果，总结出的下沉系数计算公式：

$$\eta=(H_{土}+0.765H_{岩})/H_0 \tag{6.1}$$

式中，η 为地表下沉系数；$H_{土}$ 为覆岩中土层厚度(m)；$H_{岩}$ 为覆岩中岩层厚度；H_0 为覆岩的平均厚度。

(2) 根据观测下沉曲线，求得下沉曲线出现地表下沉 10mm 时对应的工作面推进长度为 135m。

(3) 王石凹井田断裂构造、褶皱构造和陷落柱以及层间滑动构造在煤系地层发育广泛，致使采煤沉陷灾变严重。

为了应用本书研究成果对比本井田的采煤沉陷特征，从新近施工的 66 号钻孔取样进行岩石力学性质测试。以该钻孔揭露的岩层为原型，结合测试数据建立如表 6.2 所示的地层结构。

表 6.2 王石凹井田覆岩结构及力学性质

层号	岩层名称	弹性模量/Pa	泊松比	抗压强度/Pa	抗拉强度/Pa	黏结力/Pa	内摩擦角/(°)	重力密度/(N/m³)	厚度/m
1	黄土	4.00×10^7	—	—	—	—	—	1.87×10^4	64
2	中粗砂岩	1.50×10^9	0.32	7.80×10^7	5.45×10^5	4.70×10^5	28	2.56×10^4	36
3	泥岩	1.87×10^9	0.43	1.30×10^7	3.09×10^4	7.46×10^5	27	2.75×10^4	10
4	中粗砂岩	1.34×10^{10}	0.32	6.24×10^7	4.36×10^5	5.44×10^5	23	2.55×10^4	48
5	泥岩	1.87×10^9	0.43	1.30×10^7	9.09×10^3	4.09×10^5	10	2.75×10^4	18
6	中粗砂岩	2.22×10^{10}	0.19	6.00×10^7	1.43×10^6	1.10×10^6	43	2.63×10^4	50
7	砂质泥岩	1.22×10^9	0.23	3.30×10^7	2.31×10^4	4.47×10^5	18	2.51×10^4	42
8	中细砂岩	2.88×10^{10}	0.13	1.03×10^8	7.50×10^5	1.54×10^6	35	2.61×10^4	5
9	泥岩	1.73×10^{10}	0.44	1.90×10^7	1.33×10^4	6.72×10^5	9	2.65×10^4	36
10	中粗砂岩	2.72×10^9	0.24	8.80×10^7	6.15×10^4	7.77×10^5	23	2.66×10^4	14
11	泥岩夹薄层砂岩	1.54×10^{10}	0.44	1.52×10^7	3.61×10^4	1.77×10^6	19	2.66×10^4	55
12	粉砂岩	1.22×10^{10}	0.23	3.30×10^7	2.31×10^5	5.73×10^5	15	2.51×10^4	20
13	砂岩	2.62×10^{10}	0.21	4.50×10^7	3.15×10^4	6.31×10^5	17	2.75×10^4	27
14	粉砂岩	2.16×10^{10}	0.44	1.52×10^7	1.06×10^4	7.44×10^5	7	2.70×10^4	8
15	细砂岩	1.22×10^{10}	0.23	3.30×10^7	2.31×10^5	5.73×10^5	15	2.51×10^4	8
16	泥岩	1.87×10^9	0.44	1.90×10^7	1.33×10^4	6.72×10^5	9	2.65×10^4	4
17	5^{-2}煤层	1.20×10^9	0.26	1.45×10^7	4.89×10^3	1.84×10^5	27	1.31×10^4	2
18	细砂岩	2.16×10^{10}	0.22	3.50×10^7	2.32×10^6	7.39×10^6	47	2.69×10^4	20

6.1.4 采煤沉陷Ⅰ类灾变预警

根据关键层判断方法判定王石凹井田的关键层为第 6 层厚度为 50m 的中粗砂岩，覆岩综合硬度为 3.9，又根据关键层位于覆岩上部，所以构造介质影响系数 M 为 4.3。由于井田目前主要受拉张构造应力的作用，广泛发育节理等张性断裂，所以构造应力影响系数 T 取 0.8，构造界面影响系数 P 取 0.8。构造形态系数 S 取 1.0。根据采煤沉陷Ⅰ类灾变的预警辨识模型即式(5.1),可以计算出开采损害起动距为122m。

又根据收集到的资料,王石凹井田拉张构造应力约为覆岩重力的50%,即9.2MPa;节理倾角以80°为优势方位。由于王石凹井田属于A型构造类型,可以根据式(4.10)得出地表下沉系数为0.61,根据式(4.11)得出开采损害起动距为132m。采煤沉陷的预计与实测对比如表6.3所示。

表6.3 铜川矿区王石凹井田采煤沉陷预测与实测对比表

地表下沉系数		开采损害起动距
实测值	0.58	135m
预测值	0.61	按式(5.1)计算得122m;按式(4.11)计算得132m
偏差	5.2%	按式(5.1)计算,与实测值偏差10%;按式(4.11)计算,与实测值偏差2%

由表6.3可知,运用开采损害估算式(5.1)得出的数据误差相对较大,而利用回归计算式(4.11)得出的数据相对精确,这与构造要素取值的精确度有关,在式(5.1)中,构造环境取经验值,而式(4.11)的构造环境特别是节理和构造应力取实测值。因此王石凹井由的开采损害起动距可以取132m。

从这个实例可以看出,利用式(5.1)或式(4.11)均可以计算出开采损害起动距,只要工作面推进长度不超过开采损害起动距,就不会对地表建(构)筑物产生破坏,如果超过临界值就发出预警。

6.2 铜川矿区采煤沉陷Ⅱ类灾变预警

6.2.1 铜川矿区主要含水层和隔水层的赋存规律

1) 矿区水文地质概况

铜川矿区内河流以矿区北部的凤凰山为分水岭,分属渭、洛两大水系。漆水河、瑶曲河和庙湾河属渭河水系,庞河、玉华川河属洛河水系,一般河流流量不大。矿区为山区丘陵地带,沟谷纵横,泄水条件良好。矿区气候干燥少雨,地表部分区域由较厚的第四系黄土层覆盖,水文地质条件简单。

2）矿区主要含水层及其充水水源

在铜川矿区主采煤层覆岩中，共有 5 个含水层组，见表 6.4。其中，主要含水层组自上而下分别为第四系松散层孔隙含水层、石千峰组砂岩裂隙承压含水层和山西组底部砂岩裂隙承压含水层。

表 6.4　研究区主采煤层覆岩水文地质特征简表

含水层	隔水层	厚度/m	距 5# 煤层/m	水文地质特征
第四系松散层孔隙含水层	—	100～130	—	由黄土、红土、黏土和亚黏土等组成，含孔隙潜水。单位涌水量为 0.029～0.654L/(s·m)
石千峰组砂岩裂隙承压含水层	—	80～90	＞200	主要为中、粗粒砂岩，裂隙发育，含裂隙潜水，含水层单位涌水量为 0.12～0.9L/(s·m)。属于中等含水层
	石千峰组页岩隔水层	5～11	—	位于石千峰组砂岩裂隙含水层之下
上石盒子组下部砂岩裂隙含水层	上石盒子组中上部隔水层	50～80	—	由粉砂岩、泥岩夹薄层中细粒砂岩组成。全区发育，为矿区潜水最重要的隔水保护层
	—	10～20	—	中粗粒长石石英砂岩，裂隙发育，含水层单位涌水量为 0.176～0.326L/(s·m)
下石盒子组下部砂岩裂隙含水层	下石盒子组中上部隔水层	40～60	—	区内广泛发育，以泥岩、粉砂岩为主，厚度稳定
	—	80～90	＞60	中细粒长石石英砂岩(K5)，含水层单位涌水量为 0.014L/(s·m)。属于弱含水层
山西组底部砂岩裂隙承压含水层	山西组中上部隔水层	20～30	—	全区分布，以粉砂岩、砂质泥岩为主
	—	10～25	2～3	岩性为石英质粗粒砂岩(K4)，为 5# 煤层老顶。单位涌水量为 0.003～0.288L/(s·m)，属弱含水层

注：根据《鸭口井田二水平补充地质勘探报告》(铜川矿务局地质勘测公司，1988)及《陕西省铜川矿区采煤沉陷情况报告》(辽宁工程技术大学，2003)整理。

(1) 第四系松散层孔隙含水层。本含水层在矿区内广泛分布。含水层最厚处约 250m，一般为 60～70m，由黄土、红土、黏土和亚黏土等组成，中间含钙质结核。黄土颗粒较致密，但富有垂直节理的特性及腐烂植物根所形成的孔隙，造成孔隙水泄水通道。本含水层直接由大气降水和地表河流补给，由地表经黄土渗透到红土中。红土颗粒较粗，孔隙度大，比黄土松散，含水性不强。由于岩层隔水而使水储于红土之中，形成含水层。含水量不大，单位涌水量为 0.029～0.654L/(s·m)。

(2) 石千峰组中下部砂岩含水层。本含水层位于石千峰组第三段巨厚层状紫红色砂岩下部，其岩性为中、粗粒砂岩，平均厚度为 80～90m，为裂隙承压含水层。砂岩颗粒比其他层砂岩粗，含水层单位涌水量为 0.12～0.9L/(s·m)。本含水层是矿区主要含水层和水源地保护目的层，是当地居民生活用地下水的主要来源，与矿区人居、生态环境有较密切的关系，因而是矿区水源地及生态环境保护的主要对象。

(3) 山西组底部砂岩含水层。本含水层位于山西组底部，岩性为灰白色石英质粗粒砂岩，含裂隙承压水。含水层厚度约为 10～25m，单位涌水量为 0.003～0.288L/(s·m)，属于弱含水层，为开采煤层的直接充水层。

3) 矿区主要隔水层及其分布特征

铜川矿区主采煤层覆岩中共有 4 个隔水层，见表 6.4。其中，主要隔水层为上石盒子组中上部隔水层、下石盒子组中上部隔水层和山西组中上部隔水层。

(1) 上石盒子组中上部隔水层位于上石盒子组中上部，由粉砂岩、泥岩夹薄层中细粒砂岩组成，厚度为 50～80m。全区发育，为矿区潜水最重要的隔水保护层。

(2) 下石盒子组中上部隔水层位于下石盒子组中上部，以泥岩、粉砂岩为主，厚度为 40～60m。区内广泛发育，厚度稳定。

(3) 山西组中上部隔水层位于山西组中上部，岩性以粉砂岩、砂质泥岩为主，厚度为 20～30m。全区分布。

根据铜川矿区实际，此处主要研究徐家沟煤矿 530 辅助水平的采煤沉陷对水源地(东王水源地)的影响。

6.2.2　铜川矿区徐家沟井田地质与采矿条件

1）水文地质与地质构造

徐家沟煤矿530辅助水平位于铜川矿区东部的徐家沟井田最北端，西接金华山井田，东邻鸭口井田，南起222中巷外延300m的平行线，东西走向长3.3km，南北倾斜宽0.63km，面积为2.11km^2。地貌形态为黄土残塬，梁峁高耸，沟谷深切。除部分河谷地带有基岩出露外，大部分被黄土层覆盖。该区属于洛河流域上游区，白石河上游段自西向东流经研究区，为该区内最大的长年河流。该河流河床宽一般为4～12m，水深0.2～0.7m，一般流量为114.93～403.3m^3/h，年平均径流量为144.93m^3/h(250～400L/s)，除雨季外，一般不大于20m^3/h，最大洪流量为2684m^3/h。

本区水文地质条件简单，有如下主要含水层。

（1）第四系黄土含水层，厚度为20～120m，含孔隙水，据以往资料，该层单位涌水量q=0.0654L/(s·m)，k=0.626m/d。

（2）二叠系石千峰组砂岩含水层，为本区主要含水层，位于石千峰组中下部，为裂隙承压含水层，在本区层厚为80～90m。水源地的目的层即为该层，相关水文地质参数为q=0.1～0.8L/(s·m)，k=2.06～33.77m/d。

（3）二叠系下石盒子组底部砂岩含水层，厚度为80～90m，砂岩孔隙度大，构造发育，含水较丰富。q=0.014L/(s·m)，k=0.43m/d。主要含水层段为K5砂岩，下距主采煤层5#煤约60m。

（4）二叠系山西组底部砂岩含水层，为40～50m，主要含水层段为底部的K4砂岩，为5#煤层老顶，距离煤层2～3m，q=0.288L/(s·m)，k=0.075m/d。

（5）奥陶系石灰岩含水层为煤系基底，区域水位约为+380m，对矿井充水没有影响。

上述各含水层除奥陶系石灰岩含水层外均位于主采煤层上方。第四系黄土层直接覆盖在石千峰组含水层之上，大气降水对这两层含水层进行直接或间接补给，通过河流排泄。下石盒子组和山西组含水层富水性相对较差，补给来源为露头带接受大气降水后顺层补给，向深部排泄或通过矿井排泄。

辅助水平煤层总体为一轴向 NNW 的宽缓背斜，西翼煤层向 NW 方向倾斜，倾角为 9°；东翼煤层倾向 NNE，倾角为 6°。根据《徐家沟煤矿精查勘探地质报告》及《徐家沟井田精查补充勘探报告》，该区域没有大的地质构造，小断层也不甚发育，断距一般不超过 3m，以正断层为主。

2）开采技术条件

徐家沟 530 辅助水平开采太原组 5# 煤层。在该区域，5# 煤层分为 5-1# 和 5-2#。其中，5-1# 煤层不稳定，厚度为 0.31～3.35m，平均为 1.5m，结构简单，老顶为深灰色中厚层状的中粒砂质泥岩，致密坚硬，底板为黑色块状炭质泥岩，质硬；5-2# 煤层的平均厚度为 1.6m，厚度较稳定，顶板为黑色块状炭质泥岩，底板为黑色薄层状砂质泥岩或黏土岩。煤层倾角为 6°～12°。530 水平大巷沿煤层走向开掘于奥灰岩中，回采工作面沿倾斜方向布置，设计工作面倾斜长 370m，切眼长 85m，采用放炮落煤，全部跨落法管理顶板。由于该区 5-1# 煤层的稳定性差，该水平的首采工作面 2110 面开采 5-2# 煤层，平均埋深 360m，工作面走向长 80m，倾斜长 240m，煤层厚度为 1.4～2.5m，平均为 2m，煤层向北西方向倾斜，倾角为 2°～17°，平均为 8°。

3）水文观测结果

徐家沟 530 辅助水平 2110 工作面从设计到施工、回采均采取了切实可行的措施，确保安全回采的同时尽可能全面地收集井上下水文观测资料。于 2004 年 4 月，先行施工了水源地水文观测钻孔 DW-01，并同时开始了连续的地下水监测工作。在 2110 首采面对应地表的白石河上、下游分别设站观测河流流量，密切关注 2110 首采面在开采过程中矿井涌水量的变化，于 2004 年 6 月建立了 2110 地表岩移观测站。

通过对地表水、地下水、矿井涌水以及地表移动的观测发现，徐家沟 530 水平首采面 2210 面的开采未对水源地含水层造成破坏性的影响，水源地水位下降是受气候、降水等因素影响而引起的可恢复的暂时性水位下降。2210 面回采期间出现的工作面出水现象符合新水平、新采区开采时的水文地质基本特征，矿井充水与地表水及石千峰组地下水没有水力联系。因此，地下开采对地表河流及具有供水意义的含水层(石千峰组含水层)没有造成明显的破坏。

6.2.3 铜川矿区采煤沉陷Ⅱ类灾变预警

铜川矿区徐家沟煤矿 530 辅助水平 2210 工作面岩层力学参数见表 6.5。其中第 5 层是二叠系石千峰组砂岩含水层，为本区主要含水层，下距 5-1# 煤层 162m。在现有开采条件下，应用采煤沉陷Ⅱ类灾变模型判断采煤沉陷对该含水层的影响。

表 6.5 徐家沟矿 530 辅助水平 2210 工作面岩层力学参数

层序	岩性	岩层厚度 h/m	容重 γ/(kN/m³)	抗拉强度 σ_t/MPa	弹性模量 $E/\times10^4$MPa
1	黄土	70	17.00		
2	砂质泥岩	40	25.18	0.7	1.76
3	细砂岩	18	24.12	3.06	3.44
4	砂质泥岩	20	24.30	1.61	1.17
5	细砂岩	50	24.68	5.10	2.35
6	泥岩	10	22.32	1.21	1.35
7	砂质泥岩	20	24.31	1.61	1.17
8	中砂岩	20	22.69	2.45	2.19
9	粉砂岩	8	24.53	2.72	2.08
10	中砂岩	11	21.12	1.30	1.86
11	粗砂岩	14	22.86	1.53	2.03
12	粉砂岩	13	24.17	3.46	2.19
13	泥岩	5	21.58	0.88	1.29
14	粉砂岩	10	22.31	1.30	1.88
15	细砂岩	2	23.84	2.32	2.38
16	粉砂岩	9	24.38	2.35	2.26
17	中砂岩	4	22.69	3.79	2.35
18	砂质泥岩	2	24.31	1.61	1.03
19	粉砂岩	6	24.38	2.15	2.13
20	细砂岩	10	23.80	2.47	2.03

续表

层序	岩性	岩层厚度 h/m	容重 γ/(kN/m^3)	抗拉强度 σ_t/MPa	弹性模量 E/$\times 10^4$MPa
21	粉砂岩	6	24.17	3.46	2.19
22	砂质泥岩	12	24.31	1.61	1.17
23	5-1#煤层	2	13.40	0.95	0.32

第1步,关键层、软岩层判断。根据表6.5和关键层的判定方法,确定徐家沟煤矿2210工作面5-2#煤层上方的第1层关键层为21号层的粉砂岩,第2层关键层为17号层的中砂岩,第3层关键层为12号层的粉砂岩,第4层关键层为8号层的中砂岩,第5层关键层为5号层的细砂岩,共有5层关键层。软岩层共两层,分别为6号层和13号层的泥岩。

第2步,关键层下部自由空间高度计算。根据表6.5,由式(5.31)计算得到关键层、软岩层下部自由空间高度,结果见表6.6。

第3步,导水裂隙带高度计算。根据徐家沟煤矿存在大量节理属于似连续构造界面 P 取0.9,又由于其处于拉张构造应力环境中,因此构造应力影响系数 T 取0.8,所以构造环境影响因子 ψ 为0.72。

表6.6 徐家沟矿530辅助水平2210工作面关键层和软岩层下部自由空间高度

层序	岩性	岩层厚度/m	关键层/软岩层位置	残余(压实)后碎胀系数	自由空间高度/m
5	细砂岩	50	主关键层	1.03	无
6	泥岩	10	软岩层	1.02	无
7	砂质泥岩	20	—	1.025	无
8	中砂岩	20	亚关键层	1.03	无
9	粉砂岩	8	—	1.03	无
10	中砂岩	11	—	1.03	无
11	粗砂岩	14	—	1.03	无
12	粉砂岩	13	亚关键层	1.03	无
13	泥岩	5	软岩层	1.02	0.02
14	粉砂岩	10	—	1.03	0.12
15	细砂岩	2	—	1.03	0.42

续表

层序	岩性	岩层厚度/m	关键层/软岩层位置	残余(压实)后碎胀系数	自由空间高度/m
16	粉砂岩	9	—	1.03	0.48
17	中砂岩	4	亚关键层	1.03	0.75
18	砂质泥岩	2	—	1.025	0.87
19	粉砂岩	6	—	1.05	0.92
20	细砂岩	10	—	1.03	1.22
21	粉砂岩	6	亚关键层	1.03	1.52
22	砂质泥岩	12	—	1.025	1.7
23	5-1#煤层	2	—	1.05	—

由表6.6可知,21号层下部存在1.70m的自由空间高度,因此不会对其破坏产生约束。当21号岩层自重$q_1=145.02\text{kN/m}^2$时,岩层的极限跨距由式(5.15)计算得到,$L_1=41.4\text{m}$,而$l=20.5<L_1$,所以在载荷变化之前,21号岩层不会破断;当18~20层传递的载荷$q_2=362.9\text{kN/m}^2$时,岩层的极限跨距由式(5.15)计算得到,$L_2=26.5\text{m}$,而$l=21.2<L_2$,所以在载荷变化之时,岩层不会发生破断,而是当岩层的悬露距离达到26.5m时发生破断,此时,导水裂隙带高度为36m。岩层的前方破段角ϕ_q和后方破段角ϕ_h分别取60°和65°,按式(5.16)可得工作面推进距离为64m。

由表6.6可知,17号层下部存在0.75m的自由空间高度,因此不会对其破坏产生约束。当$q_1=90.76\text{kN/m}^2$时,岩层的极限跨距为$L_1=36.6\text{m}$,$l=18.7<L_1$,所以在载荷变化之前,17号岩层不会破断;当13~16层传递的载荷$q_2=388.1\text{kN/m}^2$时,岩层的极限跨距为$L_2=17.6\text{m}$,$l>L_2$,所以在载荷变化之时,岩层发生破断,此时,导水裂隙带高度将至少发育到13号层泥岩的底部即61m,能否穿过13号层取决于该岩层的抗拉变形能力,工作面推进距离为81.2m。

由于13号岩层泥岩属于软岩层,其极限跨距计算采用应变计算的极限跨距。当$q_1=107.9\text{kN/m}^2$时,由式(5.28)到计算得,$l_R=5746.3\text{m}$,$l_R>l_1=50.2$,所以在载荷变化之前,13号岩层不会破断;当$q_2=858.94\text{kN/m}^2$时,$l_R=705\text{m}$,$l_R>l_2=61.7$,所以在载荷一次变化

后、二次变化之前，13 号岩层仍不会破断；当 $q_3=2814\text{kN/m}^2$ 时，$l_R=220\text{m}$，$l_R>l_3=67.2$，所以在载荷二次变化后、三次变化之前，13 号岩层仍然不会破断；当 $q_4=3729.0\text{kN/m}^2$ 时，$l_R=166\text{m}$，$l_R<l_3=72$，所以在载荷三次变化之后，13 号岩层仍然不会破断。另外，由于 13 号岩层的自由度仅为 $\Delta=0.02\text{m}$，限制了岩层的破断，因此，随着工作面的继续推进，导水裂隙不再发育，此时导水裂隙带高度为 61m。由于含水层底板距离主采煤层顶面 162m，远大于导水裂隙带高度，因此，主采煤层的开采不会影响到二叠系石千峰组砂岩含水层。这与观测结果是一致的。

第 4 步，导水裂隙带发育过程。从前面的计算可以看出，2210 工作面导水裂隙带的发展受控于 13、17、21 号岩层，其中 13 号软岩层对抑制导水裂隙带的发展起着决定性作用，是该井田的隔水关键层。当工作面推进到 64m 时，21 号岩层破断，导水裂隙带发育到 16m；工作面继续推进到 81.2m，17 号岩层破断，导水裂隙带发育到 61m。此后，导水裂隙带高度不再随着工作面的推进而发生变化。导水裂隙带的发育过程见图 6.2。

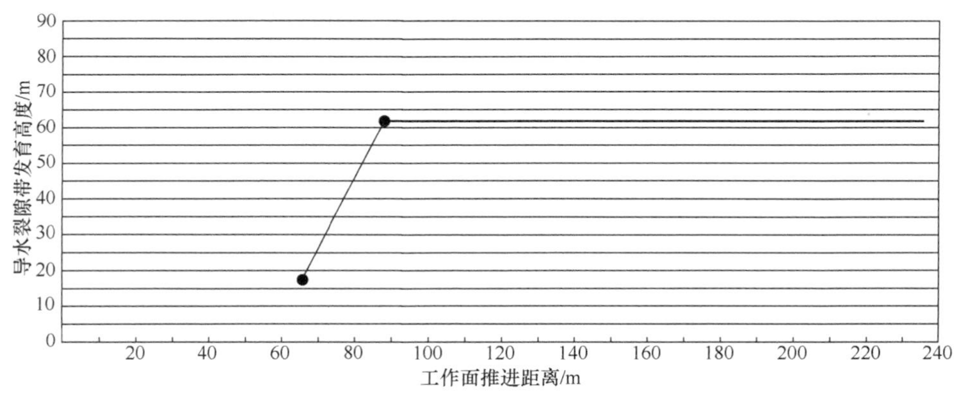

图 6.2　徐家沟煤矿 2210 工作面导水裂隙带动态发育过程

6.2.4　防止采煤沉陷Ⅱ类灾变出现的措施

防止铜川矿区采煤沉陷Ⅱ类灾变出现的措施主要有两种。其一是限制开采长度。首先计算出导水裂隙带临界高度及其对应的工作面推进临界长度，然后使布置的工作面小于工作面临界长度，确保不出现采煤沉陷Ⅱ类灾变,这即是"限制开采"的思路。具体通过留设保安煤柱的方法来实现限制开采长度,实现不出现采煤沉陷Ⅱ类灾变条件下的煤炭资源最大化开采。其二是分层开采方法,对于厚煤层,可以采用分层开采的方法减少导水裂隙带高度,从而防止出现采煤沉陷Ⅱ类灾变。下面通过数值模拟的方法说明分层开采对于减缓采煤沉陷发生灾变的可行性和有效性。

为了研究分层开采对采煤沉陷的影响和作用,构建了两个简单的试验模型,记为模型D和模型E。对厚4m的煤层分两次开采,每次开采2m,先采上分层再采下分层,对应为$D_{上}$模型和$D_{下}$模型(表6.7)。主要开采煤层及其顶、底板,上覆岩层力学参数见表6.8,试验模型的模拟开采和控制条件见表6.9。为了对比分层开采和一次采全高对采煤沉陷的影响,又建立了一个与D模型其他参数完全相同,唯一不同的是该模型一次采全高4m,记为模型E。

模型长度为300m,煤层厚4m,覆岩厚120m,底板厚16m。长度方向取300个单元,深度方向取120个单元,工作面长180m。每步开采长度为10m,采用Mohr-Coulomb准则作为破坏的判别准则。

表6.7 试验模型

方向	实际尺寸/mm	模型尺寸/mm	单元个数	几何相似系数
x	300000	300000	300	1
y	120000	120000	120	1

表6.8 上覆岩层力学参数

岩石名称	厚度/m	弹性模量/MPa	抗压强度/MPa	内摩擦角/(°)	泊松比	重力密度/(kN/m³)
细砂岩	20	9000	90	40	0.19	26.6
粗砂岩	20	8000	75	38	0.21	26.3
砂页岩	20	6500	65	35	0.23	25.6
粉砂岩	20	4000	55	32	0.27	23.4
煤页岩	20	2200	15	30	0.3	2.1
煤	4	1000	8	30	0.36	1.4
细砂岩	16	12000	100	40	0.19	26.6

表 6.9 试验模型的模拟开采和控制条件

模拟开采	覆岩厚度/m	100	煤层厚度/m	4
	每步开采长度/m	10	开采总长度/m	180
控制条件	位移约束	x 方向和 y 方向位移无约束		
	平面应力	√	平面应变	
	计算控制精度	0.01	强度准则	Mohr-Coulomb 准则

根据试验结果，可以得到随着工作面的推进，采空区及上覆岩层的移动和破坏情况，如图 6.3 和图 6.4 所示。

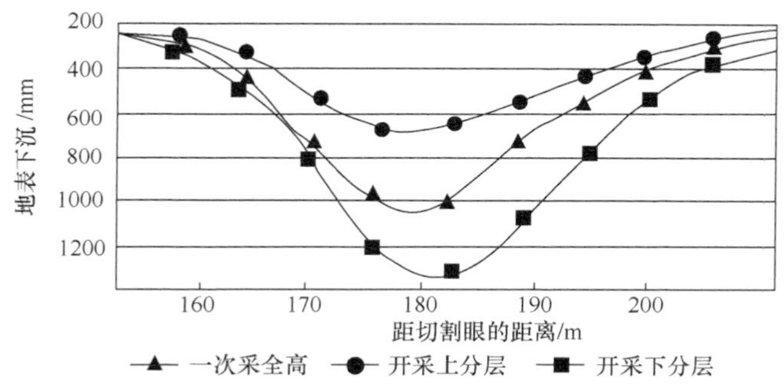

图 6.3 工作面推进 180m 时地表下沉量对比图

将工作面推进 180m 时提取地表下沉值，可得图 6.3。数值试验结果显示，分层开采对采煤沉陷具有明显的影响，如图 6.4 所示。

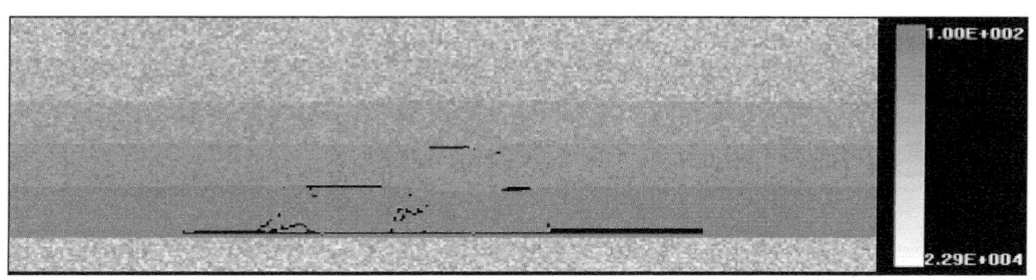

(a) $\mathrm{D}_{\text{上}}$模型

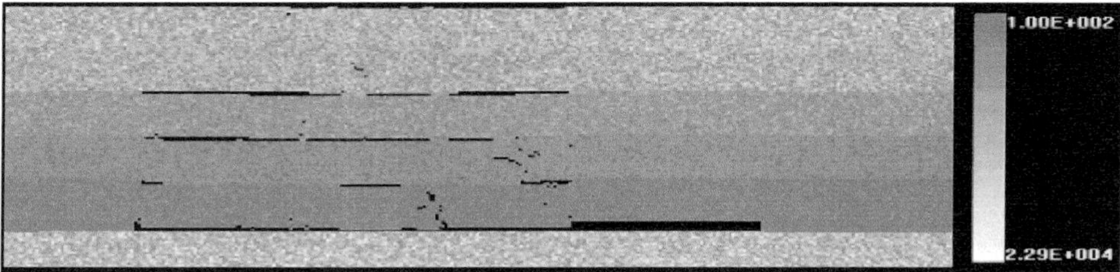

(b) $\mathrm{D}_{\text{下}}$模型

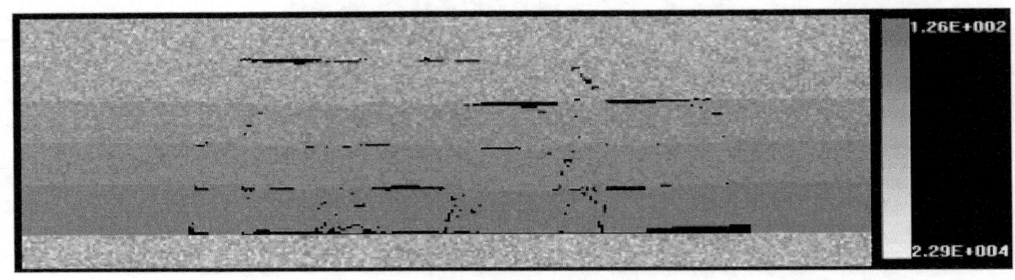

(c) E模型

图 6.4 终采时覆岩破坏对比图

由图 6.3 和图 6.4 可知，在不同开采条件下形成的采煤沉陷特征有显著区别。在开采同一厚煤层时，分层开采与一次采全高相比有如下几个特点。①引起的地表下沉值增大：一次采全高时地表最大下沉值为 840mm，分层开采时的地表最大下沉值为 1140mm。②分层开采后下沉盆地的范围比一次采全高大。③开采损害起动距相对减少，一次采全高时开采损害起动距为 30m，分层开采时的开采损害起动距为 25m。④导水裂隙带高度减少，分层开采后的导水裂隙带高度为 85m，而一次采全高的导水裂隙带高度为 110m。上分层的开采直接弱化了下分层的上覆岩层，使下分层的覆岩综合硬度相对变小，因此下分层开采时地表的系数值增大，而导水裂隙带高度降低。试验结果汇总于表 6.10。

表 6.10 厚煤层一次采全高与分层开采的试验结果对比

模型	$D_{上}$	$D_{下}$	E
地表最大下沉值/mm	480	1140	840
开采损害起动距/m	38	25	30
导水裂隙带高度/m	50	85	110

综上所述，厚煤层分层开采会加剧地表下沉，增大沉陷盆地的范围，加快覆岩应力释放，同时会抑制裂隙带的高度。因此，厚煤层分层开采可以减少导水裂隙带的发育高度，可以作为预防出现采煤沉陷Ⅱ类灾变的措施。

6.3 本章小结

（1）以铜川矿区王石凹井田为例，根据采煤沉陷Ⅰ类灾变预警模型得出开采损害起动距为 132m，而实测值为 135m。预测值与实测值十分接近，说明该模型精度较高，可为铜川矿区采煤沉陷Ⅰ类灾变进行预警。工作面布置长度小于 132m，开采活动就不会对地表建筑物造成破坏。

（2）以铜川矿区徐家沟井田为例，根据井田的构造环境特征和采煤沉陷Ⅱ类灾变模型，计算出当工作面推进到 81.2m 时导水裂隙带高度为 61m，此后工作面继续推进，而导水裂隙带高度基本不变。由于导水裂隙带高度远小于含水层底面至煤层顶板的距离，所以采动裂缝不会导通含水层，因此不会发生采煤沉陷Ⅱ类灾变，这与实际观测相符。说明该模型精度较高，可为铜川矿区采煤沉陷Ⅱ类灾变提供预警。并且提出限制开采长度和分层开采的措施可以有效预防采煤沉陷Ⅱ类灾变的发生。

7 结　　论

本书以铜川矿区构造环境的差异性为切入点，采用数值模拟、相似材料模拟和力学分析的方法，研究煤矿区构造环境单一要素和组合要素对采煤沉陷的影响度。然后根据煤矿区地质情况的差异，对铜川矿区构造环境进行分类。在此基础上建立了采煤沉陷灾变辨识预警模型，主要得出如下结论。

(1) 在煤炭井工开采矿区，当开采面积达到一定范围之后，就破坏了开采区域周围岩土体的原始应力平衡状态，在采煤的过程中以及开采一段时期内，岩土体和地表通过连续的移动、变形和非连续的破坏，使应力重新分布，以达到新的平衡，从而导致地表移动变形，这一过程统称为采煤沉陷。而采煤沉陷灾变则是指采煤沉陷对生态环境的影响从可以接受到形成灾害的突变过程。铜川矿区的主要采煤沉陷灾变有两种类型：造成地表建(构)筑物破坏(称为采煤沉陷Ⅰ类灾变)和造成具有区域供水意义的地下水资源流失(称为采煤沉陷Ⅱ类灾变)。

(2) 构造介质、构造形态、构造界面和构造应力相互影响、相互制约、协同作用，构成了人类地下采矿活动的煤矿区构造环境。而构造环境决定了煤矿区地质环境的抗扰动能力。有些煤矿区地质环境抗扰动能力强，较强的开采强度也不会引起采煤沉陷灾变，而有些煤矿区地质环境抗扰动能力弱，不大的开采强度就可能引起采煤沉陷灾变。这是由于不同的煤矿区处于不同的构造环境。因此，煤矿区构造环境的内在结构和特性是采煤沉陷灾变形成与发展的控制性因素。

(3) 不同的构造环境要素对采煤沉陷灾变的影响度不同。关键层位于构造介质上部及其下部，与构造介质不存在明显关键层相比，分别使下沉系数减少约 25%和 15%，使开采损害起动距分别增加 50%和 30%；节理使下沉系数增加 13%，开采损害起动距减少 25%；拉张构造应力使地表下沉系数增加 37%，开采损害起动距减少 25%；挤压构造应力使地表下沉系数减少19%，开采损害起动距增加20%；通过在地表下沉系数前乘以调节系数δ、在开采损害起动距前乘以调节系数ϑ表示褶皱构造对采煤沉陷的影响度。其中，$\delta=1\pm(180-\mathrm{YJJ})\times0.1\%$，$\vartheta=1\pm(\mathrm{YJJ}-180)\times0.8\%$，式中，当褶皱为背斜时取“－”，为向斜时取“＋”，$140\leqslant\mathrm{YJJ}\leqslant180$。

(4) 以铜川矿区王石凹煤矿为例，采用模糊层次分析法，得出采煤沉陷灾变的主控因素：构造介质、构造界面、构造应力、工作面长度、构造形态和开采厚度。构造环境要素对采煤沉陷的影响度由大到小分别为构造介质、构造界面、构造应力和构造形态。影响该井田的主要构造因素为构造介质、构造界面和构造应力。

(5) 根据煤矿区地质的发育情况，选取主采煤层赋存深度、构造界面的发育程度、所处构造应力场和含煤地层的构造形态四种条件作为煤矿区构造环境划分的依据。在此基础上，结合铜川矿区煤层的赋存特征，将铜川矿区构造环境划分深埋似连续介质型(简称A型)、深埋不连续介质型(简称B型)和浅埋不连续介质型(简称C型)三种类型，其中铜川矿区以A型构造环境为主。

(6) 采用数值模拟的方法，研究了铜川矿区A型、B型构造环境对采煤沉陷的控制作用，然后采用非线性多元回归分析方法建立的A型构造环境与采煤沉陷之间的量化关系为

$$\begin{cases}\eta=0.7607856+0.1433792\lambda-0.07871256\cos\alpha\\L_q=144.46-29.36393\lambda+15.2738\cos\alpha\end{cases}$$

B型构造环境与采煤沉陷之间的量化关系为

$$\begin{cases}\eta=0.645+0.111\lambda+0.014h-0.095\cos\alpha+0.003x\\L_q=146.21-30.942\lambda+11.468\cos\alpha-0.723h+1.722x\end{cases}$$

式中，η为地表下沉系数；L_q为开采损害起动距；λ为拉张构造应力系数；h为断层落差；α为节理或断层的倾角；x为断层倾向。

(7) 把地表下沉幅度为10mm的点称为与建(构)筑物损害相关的采煤沉陷灾变点，对应工作面推进距离为开采损害起动距。建立了以全陷落法进行顶板管理的走向长壁式回采工作面，构造环境与开采损害起动距之间的量化关系式为$L_q=\xi\overline{H}_0$，式中，L_q为开采损害起动距的

预计值，$\overline{H}_0$ 是近水平煤层的平均埋深，ξ 是构造环境对开采损害起动距的影响系数。并结合铜川矿区 A 型和 B 型构造环境与开采损害起动距之间的关系式，共同构成了铜川矿区采煤沉陷Ⅰ类灾变预警模型。只要开采强度超过开采损害起动距，就发出预警。

(8) 把隔水关键层临界破坏的状态称为与区域重要含水层破坏相关的采煤沉陷灾变点。通过在岩层极限抗拉强度前乘以构造环境影响因子 ψ，对关键层极限破断距计算公式进行修正，然后根据关键层破断距及软岩极限破断距与岩层下部自由空间的对比，确定导水裂隙带高度。当开采强度超过临界开采强度时，导水裂隙带高度将达到导水裂隙带的临界高度，将会发生采煤沉陷Ⅱ类灾变，从而建立了采煤沉陷Ⅱ类灾变预警模型。

(9) 以铜川矿区王石凹井田为例，根据采煤沉陷Ⅰ类灾变预警模型得出开采损害起动距为 132m，实测值为 135m。以铜川矿区徐家沟井田为例，根据采煤沉陷Ⅱ类灾变模型判断当工作面推进到 81.2m 时导水裂隙带高度为 61m，此后不再随工作面的推进而增加。由于矿区石千峰组中下部砂岩含水层与煤层顶板的距离为 162m，所以采动裂缝不会导通含水层，因此不会发生采煤沉陷Ⅱ类灾变。两种灾变预警结果均与实际观测相符，说明建立的辨识预警模型精度满足要求。

本书的创新点如下。

(1) 本书系统地研究了煤矿区构造环境与采煤沉陷之间的量化关系，给出了构造环境要素(构造介质、构造形态、构造界面、构造应力等)对采煤沉陷的影响度。虽然以往通过理论分析、试验、实例证明了构造环境及其各构成要素对采煤沉陷具有控制作用，并从理论上解释了其控制机理，但尚未在各种地质因素与采煤沉陷之间的量化关系研究方面取得突破。本书在充分考虑开采因素的基础上，重点分析构造环境要素对采煤沉陷的影响程度，把各构造环境要素对采煤沉陷的“贡献”进行量化，实现了对采煤沉陷影响的量化分析。

(2) 本书制定了煤矿区构造环境分类依据，并结合铜川矿区的地质发育情况，将铜川矿区构造划分为深埋似连续介质型、深埋不连续介质型和浅埋不连续介质型三种类型。由于煤矿区地质情况差别巨大，煤矿区地质环境对采煤沉陷的抗扰动能力有强弱之分，因此，若要提出适合所有煤矿区的采煤沉陷预计通式是不现实的。所以有必要对煤矿区构造环境进行分类，然后针对每种特定的构造环境进行采煤沉陷预计，这样才有可能使预计更加符合实际。

(3) 本书建立了采煤沉陷灾变的辨识与预警。采煤沉陷灾变是指采煤沉陷对生态环境的影响从可以接受到形成灾害的突变过程。根据铜川矿区地表生态环境现状及其对开采扰动的敏感度，确定地表建(构)筑物安全和具有区域供水意义的地下水资源为保护目标。依据构造环境特征，研究地表生态环境所能承受的最大损害程度与地下开采强度之间的关系，在此基础上建立采煤沉陷辨识预警模型。通过预报临界开采强度实现采煤沉陷灾变预警。如果工作面长度大于临界开采强度，则会使地表建(构)筑物产生破坏，或者使导水裂隙带影响到具有区域供水意义的含水层，造成地下水流失，从而引发采煤沉陷灾变。建立的预警模型可为煤矿合理规划开采强度，有效预防和控制采煤沉陷灾变提供地质依据。

煤矿区构造环境对采煤沉陷的控制和影响作用是一个非常复杂的过程，本书讨论了煤矿区的构造环境对采煤沉陷的影响度，对陕西省铜川矿区的构造环境进行分类，建立了采煤沉陷灾害预警模型。如下几个方面的问题有待于进一步完善。

(1) 本书仅仅讨论了陕西铜川矿区的构造环境和采煤沉陷之间的量化关系，我国西部矿区其他类型的构造环境对采煤沉陷的量化影响有待于全面深入研究。

(2) 本书在对煤矿区构造环境分类时没有考虑地下水的因素。如果把研究对象扩展到我国西南和东部矿区，应当把地下水因素考虑进去，综合其他构造环境要素对煤矿区重新进行分类才能更加符合实际。

(3) 本书建立采煤沉陷灾变辨识模型时考虑了构造介质、构造应力和构造界面的影响，为了研究方便，构造形态只考虑水平情况，对于缓倾斜、急倾斜构造形态有待于进一步研究。

(4) 本书的灾害预警指标归纳为与开采损害起动距和导水裂隙带高度紧密相关的开采强度，然而，影响采煤沉陷发生灾变的因素复杂、多样，应建立多层次、多指标、多目标的综合预警体系以提高预警精度。

参考文献

白红梅，2005. 地质构造对采煤沉陷的控制作用研究[D]. 西安：西安科技大学硕士学位论文.

卜万奎，茅献彪，2009. 断层倾角对断层活化及底板突水的影响研究[J]. 岩石力学与工程学报，28(2)：386-394.

曹丽文，姜振泉，2002. 人工神经网络在煤矿开采沉陷预计中的应用研究[J]. 中国矿业大学学报，31(1)：23-26.

戴华阳，易四海，鞠文君，等，2006. 急倾斜煤层水平分层综放开采岩层移动规律[J]. 北京科技大学学报，28(5)：410-414.

邓喀中，1993. 开采沉陷中的岩体结果效应研究[D]. 徐州：中国矿业大学博士学位论文.

邓喀中，1998. 开采沉陷中的岩体结构效应[M]. 徐州：中国矿业大学出版社.

丁德馨，毕忠伟，王卫华，2002a. 开采地面沉陷预测的神经网络方法研究[J]. 南华大学学报(理工版)，16(3)：1-5.

丁德馨，张志军，毕忠伟，2002b. 开采地面沉陷预测的自适应神经模糊推理方法研究[J]. 中国工程科学，9(1)：33-39.

丁国瑜，蔡文伯，于品清，等，1991. 中国岩石圈动力学概论[M]. 北京：地质出版社.

董春胜，刘浜葭，杨金明，2001. 改进的 BP 神经网络预测地表沉陷[J]. 辽宁工程技术大学学报(自然科学版)，20(5)：721-723.

杜春兰，陆文凤，李剑锋，等，2008. 地质灾害危险度研究——以重庆市渝北区为例[J]. 地下空间与工程学报，6(4)：1169-1176.

范意民，王海军，张静薇，等，2008. GPS 技术在三峡库区地质灾害预警中的应用[J]. 水文地质工程地质，4：102-105.

方从启，孙钧，1999. 软土地层中隧道开挖引起的地面沉降[J]. 江苏理工大学学报，20(2)：5-8.

方建勤，彭振斌，颜荣贵，2004. 构造应力型开采地表沉陷规律及其工程处理方法[J]. 中南大学学报(自然科学版)，35(3)：506-510.

冯国财，杨逾，刘文生，2006. 断裂活动影响矿区的采煤沉陷灾害问题[J]. 中国地质灾害与防治学报，17(1)：95-97.

弓凤飞. 煤炭开采，有多少环境代价要付出？[EB/OL]. http://www. cigem. gov. cn /ReadNews. asp? NewsID=15829[2008-09-09].

古德生，2001. 对西部矿产资源开发问题的思考[J]. 矿业研究与开发，21(1)：1-3.

郭惟嘉，刘立民，施德芳，等，1996. 矿层开采后的地面沉陷和应力分析[J]. 岩土工程学报，18(2)：75-81.

郭文兵，2008. 深部大采宽条带开采地表移动的预计[J]. 煤炭学报，33(4)：368-371.

郭文兵，邓喀中，白云峰，2002. 受断层影响地表移动规律的研究[J]. 辽宁工程技术大学学报，21(6)：713-715.

郭文兵，邓喀中，邹友峰，2004. 概率积分法预计参数选取的神经网络模型[J]. 中国矿业大学学报,3(3):322-326.

郭文兵,邓喀中,邹友峰,2005.条带开采地表移动参数研究[J].煤炭学报,30(2):182-186.

郭文兵,吴财芳,邓喀中,2007.开采影响下建筑物损害程度的人神经网络预测模型[J].岩石力学与工程学报,9(1):33-39.

郭迅,戴君武,2006.采煤沉陷与断层相互作用引起地表建筑破坏特点分析[J].辽宁工程技术大学学报,25(6):852-854.

何国清,1988.岩移预计的威布尔分布法[J].中国矿业大学学报,1:1-20.

何国清,马伟民,王金庄,1982.威布尔分布型影响函数在地表移动计算中的应用——用碎块体理论研究岩移基本规律的探讨[J].中国矿业大学学报,(1):1-20.

何国清,杨伦,凌赓娣,等,1991.矿山开采沉陷学[M].徐州:中国矿业大学出版社,

黄乐亭,王金庄,2008.地表动态沉陷变形规律与计算方法研究[J].中国矿业大学学报,37(2):211-216.

康颖,薛联青,2008.改进的模糊层次分析法在综合水价确定中的应用[J].节水灌溉,1:38-40.

孔海陵,陈占清,卜万奎,等,2008.承载关键层、隔水关键层和渗流关键层关系初探[J].煤炭学报,33(5):485-488.

蓝航,姚建国,张华兴,等,2008.基于 FLAC^{3D}的节理岩体采动损伤本构模型的开发及应用[J].岩石力学与工程学报,27(3):572-579.

辽宁工程大学采矿损害与控制研究中心,2003.陕西省铜川矿区采煤沉陷情况报告[R].铜川:铜川矿务局采煤沉陷治理工作领导小组.

李连济,2004.煤炭城市产业结构转型选择——以山西煤炭城市为例[J].经济问题,(5):64-66.

李青锋,王卫军,朱川曲,等,2009.基于隔水关键层原理的断层突水机理分析[J].采矿与安全工程学报,26(1):87-90.

李琰庆,2007.导水裂隙带高度预计方法研究及应用[D].西安:西安科技大学硕士学位论文.

李琰庆,许冲,侯恩科,等,2008.关键层初次破断前动态载荷研究[J].矿业研究与开发,28(4):12-15.

李增琪,1982.使用傅式变换计算开挖引起的地表移动[J].煤炭学报,2:18-28.

李佐臣,裴先治,丁仨平等,2010.川西北碧口地块老河沟岩体和筛子岩岩体地球化学特征及其构造环境[J].地质学报,84(3):343-356.

梁天书,梁天灵,于海生,2007.开采引起的覆岩冒落及地表沉陷的机理与防护[J].中国安全生产科学技术,3(3):69-71.

刘传正,刘艳辉,2007.地质灾害区域预警原理与显式预警系统设计研究[J].水文地质工程地质,6:109-115.

刘开云,乔春生,周辉,等,2004.覆岩组合运动特征及关键层位置研究[J].岩石力学与工程学报,23(8):1301-1306.

麻凤海,1997.岩层移动及动力学过程的理论与实践[M].北京:煤炭工业出版社.

麻凤海,杨帆,2001.地层沉陷的数值模拟应用研究[J].辽宁工程技术大学学报(自然科学版),

20(3):257-261.

茅献彪,缪协兴,钱鸣高,1997.软岩层厚度对关键层上载荷与支承压力的影响[J].矿山压力与顶板管理,4(3):1-3.

茅献彪,缪协兴,钱鸣高,1998.采动覆岩中关键层的破断规律研究[J].中国矿业大学学报,27(1):39-42.

煤炭科学研究院北京开采研究所,1981.煤矿地表移动与覆岩破坏规律及其应用[M].北京:煤炭工业出版社.

缪协兴,浦海,白海波,2008.隔水关键层原理及其在保水采煤中的应用研究[J].中国矿业大学学报,37(1):1-4.

缪协兴,钱鸣高,2009.中国煤炭资源绿色开采研究现状与展望[J].采矿与安全工程学报,26(1):1-12.

潘懋,李铁锋,2002.灾害地质学[M].北京:北京大学出版社.

钱鸣高,2010.煤炭的科学开采[J].煤炭学报,35(4):529-534.

钱鸣高,缪协兴,许家林,1996.岩层控制中的关键层理论研究[J].煤炭学报,21(3):225-230.

钱鸣高,缪协兴,许家林,2007.资源与环境协调(绿色)开采[J].煤炭学报,32(1):1-7.

钱鸣高,缪协兴,许家林,等,2000.岩层控制的关键层理论[M].徐州:中国矿业大学出版社.

钱鸣高,许家林,缪协兴,2003.煤矿绿色开采技术[J].中国矿业大学学报,32(4):343-348.

石广仁,2008a.支持向量机在多地质因素分析中的应用[J].石油学报,29(2):588-594.

石广仁,2008b.支持向量机在裂缝预测及含气性评价应用中的优越性[J].石油勘探与开发,35(5):588-594.

宋春霞,2012.山西省产业转型中的利益受损识别与补偿研究[D].太原:山西师范大学硕士学位论文.

隋惠权,于广明,2002.地质动力引起岩层移动变异及突变灾害研究[J].辽宁工程技术大学学报(自然科学版),21(1):25-27.

孙钧,侯学渊,1991.地下结构[M].北京:科学出版社.

孙学阳,夏玉成,2008."构造控灾"机理的理论框架及其应用[J].中国矿业,17(7):40-42.

谭志祥,邓喀中,2007.综放面地表变形预计参数综合分析及应用研究[J].岩石力学与工程学报,26(5):1041-1047.

唐家祥,王仕统,裴若娟,1989.结构稳定理论[M].北京:中国铁道出版社.

滕晓萌.中国能源结构面临调整煤炭面临极限[EB/OL].http://www.lrn.cn/mining market /mining market news/ 200711/t20071105_164286.htm[2007-11-05].

滕永海,王金庄,2008.综采放顶煤地表沉陷规律及机理[J].煤炭学报,33(3):264-267.

王丹识.2009年全国原煤产量达到30.5亿吨[EB/OL].http://www.coalchina.org.cn/page/info.jsp? id=17024[2010-02-25].

王峰,2007.贺兰山中段中生代构造环境分析[D].西安:西北大学博士学位论文.

王树仁,张海清,慎乃齐,等,2009.下伏采空区桥隧工程变形及受力响应特征分析[J].岩石力学与工程学报,28(6):1144-1151.

王卫华,丁德馨,2001. 开采沉陷反分析的神经网络方法研究[J]. 南华大学学报(理工版),15(1):10-14.

王泳嘉,邢纪波,1988. 离散单元法及其在岩土力学中的应用[M]. 沈阳:东北大学出版社.

王勇,乔春生,孙彩红,等,2006. 基于 SVM 的溶洞顶板安全厚度智能预测模型[J]. 岩土力学,27(6):1000-1004.

王垣,2002. 京珠公路粤境南某标段花岗岩体高边坡构造环境研究及稳定性分析[D]. 长沙:中南大学硕士学位论文.

王治华,郭晓东,陈祥,等,2010. 云南祥云马厂箐富碱斑岩体的地球化学特及其形成的构造环境[J]. 地质论评,56(1):125-135.

吴戈,1994. 岩层与地表移动问题的力学模型选择[J]. 山东矿业学院学报,13(3):229-234.

吴侃,蔡来良,陈冉丽,2008. 断层影响下开采沉陷预计研究[J]. 湖南科技大学学报(自然科学版),23(4):10-13.

吴立新,王金庄,1994.. 建(构)筑物下压煤条带开采理论与实践[M]. 徐州:中国矿业大学出版社.

夏小刚,黄庆享,2008. 基于弹性薄板的地表沉陷预计模型[J]. 测绘工程,17(6):9-12.

夏玉成,2003a. 构造环境对煤矿区采动损害的控制机理研究[D]. 西安:西安科技大学博士学位论文.

夏玉成,2003b. 煤矿区地质环境承载能力研究[J]. 煤田地质与勘探,31(1):5-8.

夏玉成,2004. 构造应力对煤矿区采动损害的影响探讨[J]. 西安科技学院学报,24(1):72-74.

夏玉成,陈练武,薛喜成,2002. 地学信息数字化技术概论[M]. 西安:陕西科学技术出版社.

夏玉成,孙学阳,汤伏全,2008a. 煤矿区构造控灾机理及地质环境承载能力研究[M]. 北京:科学出版社.

夏玉成,杜荣军,2008b. 节理倾角对采煤沉陷影响的数值实验研究[J]. 矿业安全与环保,35(6):1-3.

夏玉成,孙学阳,孔令义,等,2008c."构造控灾"理论与"绿色矿区"建设[J]. 西安科技大学学报,28(2):331-335.

夏玉成,杜荣军,孙学阳,2008d. 铜川矿区采煤沉陷的对应分析及其回归预计[J]. 煤炭科学技术,36(10):89-92.

夏玉成,雷通文,2006. 构造应力与采动损害关系的数值试验研究[J]. 辽宁工程技术大学学报,25(4):527-529.

夏玉成,石平五,2002. 关于环境变迁和矿业工程环境效应的讨论[J]. 中国矿业,11(1):63-66.

谢富仁,陈群策,崔效峰,等,2003. 中国大陆地壳应力环境研究[M]. 北京:地质出版社.

谢和平,1991. 岩石类材料损伤演化的分形特征[M]. 岩石力学与工程学报,10(1):74-82.

谢和平,1996. 分形-岩石力学导论[M]. 北京:科学出版社.

谢和平,陈至达,1988. 非线性大变形有限元及在岩层移动中应用[J]. 中国矿业大学学报,(2):

94-98.
谢和平，于广明，杨伦，等，1998. 节理化岩体开采沉陷的损伤统计研究[J]. 力学与实践，20(6)：7-9.
徐开礼，朱志澄，1989. 构造地质学[M]. 北京：地质出版社.
许家林，钱鸣高，朱卫兵，2005. 覆岩主关键层对地表下沉动态的影响研究[J]. 岩石力学与工程学报，24(5)：787-791.
许家林，朱卫兵，王晓振，等，2009. 浅埋煤层覆岩关键层结构分类[J]. 煤炭学报，34(7)：865-869.
许岩，2009. 动压巷道围岩破坏机理及其控制研究[D]. 西安：西安科技大学硕士学位论文.
杨高学，李永军，李注苍，等，2010. 东准噶尔东北缘后碰撞火山岩成因与构造环境[J]. 地学前缘，17(1)：48-59.
杨扬，冯乃琦，余珍友，2008. 层次分析和隶属函数在采空区稳定性评价中的应用[J]. 矿冶工程，28(5)：23-28.
尹光志，代高飞，阎河，等，2003. 冲击地压预测的遗传神经网络方法[J]. 岩土力学，24(6)：1016-1020.
尹光志，李贺，鲜学福，等，1994. 煤岩体失稳的突变理论模型[J]. 重庆大学学报，17(1)：23-28.
尹光志，谭钦文，魏作安，2008. 基于混沌优化神经网络的冲击地压预测模型[J]. 煤炭学报，33(8)：871-875.
尹光志，王登科，黄滚，2005. 突变理论在开采沉陷中应用[J]. 矿山压力与顶板管理，(4)：94-96.
于广明，1997. 分形及损伤力学在矿山开采沉陷中的应用研究[D]. 徐州：中国矿业大学博士学位论文.
于广明，1998. 矿山开采沉陷的非线性理论与实践[M]. 北京：煤炭工业出版社.
于广明，孙洪泉，赵建锋，2001. 采矿引起地表动态下沉的分形增长规律研究[J]. 岩石力学与工程学报，20(1)：34-37.
于广明，谢和平，杨伦，等，1998a. 采动断层活化分形界面效应的数值模拟[J]. 煤炭学报，23(4)：42-46.
于广明，谢和平，张玉卓，等，1998b. 节理对开采沉陷的影响规律研究[J]. 岩土工程学报，20(6)：96-98.
于广明，谢和平，杨伦，等，1999. 岩体采动沉陷的损伤效应[J]. 中国有色金属学报，9(1)：185-188.
于广明，杨伦，1997a. 非线性科学在开采沉陷中的应用研究(1)[J]. 辽宁工程技术大学学报，16(4)：385-390.
于广明，杨伦，1997b. 非线性科学在开采沉陷中的应用研究(2)[J]. 辽宁工程技术大学学报，16(5)：520-525.
于广明，张春会，赵建锋，2002. 初始节理对岩体内部沉陷范围的影响研究与实验验证[J]. 岩石力学与工程学报，21(10)：1478-1482.

于学馥,郑颖人,1983.地下工程围岩稳定性分析[M].北京:煤炭工业出版社:138-140.

余学义,1993.预测地表变形与岩层移动变形的数学模型[J].西安矿业学院学报,(3):97-105.

余学义,张恩强,2004.开采损害学[M].北京:煤炭工业出版社.

袁礼明,王金庄,1990.条带开采法岩层移动机理分析[J].岩石力学与工程学报,19(2):147-153.

张东明,尹光志,代高飞,2003.地表下沉的分形特征及其预测[J].成都理工大学学报(自然科学版),30(1):92-85.

张勇,高文龙,赵云云,2009.煤层开采与1000kV特高压输电杆塔地基稳定性影响研究[J].岩土力学,30(4):386-394.

张玉卓,仲惟林,姚建国,1983.断层影响下地表移动规律的统计和数值模拟研究[J].煤炭学报,1:23-31.

张玉卓,仲维林,姚建国,1987.岩层移动的位错理论解[J].煤炭学报,2:2-8.

张玉卓.陈立良,1996.长壁开采覆岩离层产生的条件[J].煤炭学报,21(6):576-581.

张兆江,吴侃,张安兵,2009.基于关键层理论的沉陷变形起动距的确定[J].煤炭工程,(2):70-71.

赵德深,2000.煤矿区采动覆岩离层分布规律与地表沉陷控制研究[D].沈阳:东北大学博士学位论.

赵海军,马凤山,李国庆,等,2008.断层上下盘开挖引起岩移的断层效应[J].岩土工程学报,30(9):1372-1375.

中国矿业学院,阜新矿业学院,焦作矿业学院,1981.煤矿岩层与地表变形[M].北京:煤炭工业出版社.

钟洛加,肖尚德,周衍龙,等,2008.WEBGIS降雨型滑坡预警模型及关键技术研究[J].人民长江,39(12):47-49.

周艳美,李伟华,2008.改进模糊层次分析法及其对任务方案的评价[J].计算机工程与应用,44(5):212-214.

周英峰,刘铮,2008.改革开放以来我国能源消费年均增长5.4%[EB/OL].http://finance.people.com.cn|GB|8260006.html[2008-10-30].

周宇峰,魏法杰,2006.不确定型模糊判断矩阵一致性逼近与权重计算的一种方法[J].运筹与管理,4:28-31.

朱焕春,李浩,2001.论岩体构造应力[J].水利学报,9:80-84.

朱建军,2005.层次分析法的若干问题研究及应用[D].沈阳:东北大学.

朱卫兵,许家林,施喜书,等,2009.覆岩主关键层运动对地表沉陷影响的钻孔原位测试研究[J].岩石力学与工程学报,28(2):403-409.

邹文安,刘立博,王凤,2008.人工神经网络BP模型在枯季径流量预测中的应用[J].水资源研究,29(3):43-45.

BEGLEY R;BEHELER P,KHAIR A W,1996. A windows based mechanistic subsidence prediction model for long-wall mining[A]//Proceedings of the 5th Conference on the Use of Computers in the Coal Industry[C]. Morgantown, WesVirginia University: 74-82.

BOURDEAU P L, HARR M E, 1989. Stoehastic theory of settlement of loose cohesionless soils[J]. Geotechnique, 39(4): 641-654.

BURRELL E, EVE G, 2002. Flash flood mitigation: recommendations for research and applications[J]. Global Environmental Change Part B: Environmental Hazards, 4(1): 15-22.

CAPELLE O, VAPNIK V, BOUSPUET O, et al, 2002. Choosing multiple parameters for support vector machines[J]. Machine Learning, 46(1): 131-159.

CHAMINE H I, BRAVO P, 1993. Geological contribution towards the study of mining subsidence at the Germunde Coal Mine (NW Portugal) [J]. Cuadernos do Laboratorio Xeollgicl de Laxe, 31: 281-287.

DING D X, ZHANG Z J, BI Z W, 2006. A new approach to predicting mining induced surface subsidence[J]. Journal of Central South University Technology, 13(4): 444-483.

DOGLIONI C, DAGOSTINO N, MARIOTTI G, 1998. Normal faulting vs regional subsidence and sedimentation rate[J]. Marine and Petroleum Geology, 15(8): 737-750.

DONNELLY L J, DELACRUZ H, ASMARI O, et al, 2001. The monitoring and prediction of mining subsidence in the Amaga, Angelopolis, Venecia and Bolombolo Regions, Antioquia, Colombia[J]. Engineering Geology, 2(1): 103-114.

DUZGUN H S, 2005. Analysis of roof fall hazards and risk assessment for Zonguldak coal basin underground mines[J]. International Journal of Coal Geology, (64): 104-115.

HE G Q, GU Q, 1990. A study of evaluation of ecological environmental impacts of coal mining subsidence[J]. Journal of China University of Mining & Technology, 1: 25-30.

JAN L, 1989. Selected problems of the rock mechanics in the light of the modeled investigation[J]. Archives of Mining Science, 34(l): 256-298.

JOHN H, 2001. Improving flood warnings in europe: a research and policy agenda[J]. Global Environmental Change Part B: Environmental Hazards, 3(1): 19-28.

KANG L X, 1997. Different roof behavior under different upper mining boundary condition in Datong[J]. Journal of Coal Science and Engineering, 3(2): 36-40.

KIM K D, LEE S, OH H J, 2008. Prediction of ground subsidence in Samcheok City, Korea using artificial neural networks and GIS[J]. Geological Environment, 55(3): 699-703.

KIRZHNER F M, 1994. Influence of tectonic conditions in coal mining[A]//Proceeding of the 7th International Congress International Association of Engineering Geology [C]. Compies-Rendus Lisboa, Portugal: 44-29.

KNOTHE S, 1994. Effects of underground mining on the rock mass model testing with the loose medium[J]. Archives of Mining Science, 39(3): 265-282.

KULAKOV V N, 1995. Geomechanical conditions of steeply inclined coal seam mining[J]. Fiziko-Tekhnicheskie Problemy Razrabotki Poleznykh Iskkopaemykh,2:48-51.

LITWINISZYN J,1958. The theories and model research of movement of ground[J]. Colliery Engineering,1:1125-1136.

LIU B C,1993a. Ground surface movements due to underground excavation in the People's Republic of China[J]. Comprehensive Engineering,(29):212-218.

LIU B C,1993b. Stochastic method for subsidence due to excavation[A]//Proceeding of International symposia. On Application of Computer Method in Rock Mechanics and Engineering[C]. Xi'an,China:22-25.

LIU B C,LIAO K H,YAN R G,1979. Research in the surface ground movement due to mining[A]//Proceeding of the 4th Congress of International Society for Rock Mechanics[C]. Montreux,Swiss:55-58.

LUO Y,PENG S S,1999. Integrated approach for predicting mining subsidence in Hilly Terrain[J]. Mining Engineering,51(6):100-104.

MANDELBROT B B,1982. The Fractal Geometry of Nature[M]. NewYork:W. H. Freeman and Company,25-50.

MERAD M M,VERDEL T,ROY B,et al,2004. Use of multi-criteria decision-aids for risk zoning and management of large area subjected to mining-induced hazards[J]. Tunnelling and Underground Space Technology,19(2):125-138.

PETRE B,CRISTIAN M,1993. Mining subsidence forecasting by structural and geomechanical analysis[J]. Bulletin of Engineering Geology and the Environment,47(1):71-77.

PIMENOV A,1991. About possibility of using generalized functions for determining stress field and convergence of single mining opening under condition of forming destruction zone around it[J]. Fiziko-Tekhnickeskie Problemy Razrabotki Poleznykh Iskopaemykh,4:48-51.

RAFEAL T R,JAVIER T L,2000. Hypothesis of the multiple subsidence trough related to very steep and vertical coal seams and its prediction through profile functions[J]. Geotechnical and Geological Engineering,18(4):289-311.

RAO V S,1996. Analysis of development of surface subsidence at Indian Coal[A]//Proceedings of International Symposium on Mining Science and Technology[C]. Xuzhou,China:429-435.

SINGH R,SINGH T,DHAR N,et al,1996. Coal pillar loading in shallow mining conditions [J]. International Journal of Rock Mechanics Sciences & Geomechanics Abstracts,33:757-768.

STEVE R,1998. Support vector machines for classification and regression[R]. Southampton: University of Southampton.

TAKAYUKI H,1989. Fractal dimension of fault systems in Japan:fractal structure in rock fractal fracture geometry at various scales[J]. Pageoph,1(2):157-170.

TURCOTTE D, 1986. Fractal and fragmentation[J]. Journal of Geophysical Research, 91: 1921-1926.

VLADIMIR N, 1995. The Nature of Statistical Learning Theory[M]. New York: Springer-Verlag.

WANG Y H, GUO G L, DENG K Z, 2004. Environmental hazards caused by mining subsidence in northwest[A]//The Fifth International Symposium on Mining Science and Technology[C]. Xuzhou.

XIAY C, LEI T W, 2005. Control function of tectonic setting over coal mining induced subsidence[C]. Shanghai: The Seventh International Symposium on Land Subsidence.

XIAY C, ZHI J F, SUN X Y, 2005. Study on relation between tectonic stress and coal mining subsidence with similar material simulation [J]. Journal of Coal Science & Engineering, 11(2): 37-40.

XIE H P, 1993. Fractals in Rock Mechanics[M]. Rotterdam: A. A. Balkema Balkema.

YU X Y, 1999. Studying theory of displacement and deformation in the mountain areas under the influence of underground exploitation [D]. Krakow, Poland: AGH University of Science and Technology.

YU X Y, 2002. Mechanism and application of grouting in separate in separated- bed to reduce subsidence [J]. International Mining Forum Krakow, 21: 123-130.

ZHANG Y Z, 1996. Simulation of strata movements due to underground mining using an automated measurement system for equivalent material modeling facility[J]. Journal of Coal Science & Engineering, 2(1): 10-15.

ZHANG Y Z, 1998. An estimation of fuzzy reliability of distinct element method in prediction of surface subsidence due to coal mining[J]. Journal of Coal Science & Engineering, 4(2): 7-12.